气象重大工程能力建设专题研究丛书

中国海洋气象能力建设研究

陆楠 谭娟 牛官俊 翟薇 等 编著

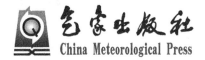

气象出版社
China Meteorological Press

内容简介

本书系统阐述了海洋气象能力建设的意义、现状和需求、方案设计和预期效益风险等，内容包括绪论、国际海洋气象发展状况、中国海疆天气与气候特征、中国海洋气象能力建设现状、中国海洋气象发展短板与需求分析、中国海洋气象能力建设总体设计、中国海洋气象能力建设主要任务、中国海洋气象能力建设预期效益风险分析及对策。

本书中的发展现状、需求分析、总体设计、对策和建议适用于海洋气象能力建设相关工程项目的可行性研究工作，可供气象及相关行业、学术界和产业界参考。

图书在版编目（ＣＩＰ）数据

中国海洋气象能力建设研究 / 陆楠等编著. -- 北京：
气象出版社，2023.10
ISBN 978-7-5029-8008-5

Ⅰ．①中… Ⅱ．①陆… Ⅲ．①海洋气象－学科发展－
研究－中国 Ⅳ．①P732

中国国家版本馆CIP数据核字(2023)第135272号

Zhongguo Haiyang Qixiang Nengli Jianshe Yanjiu
中国海洋气象能力建设研究

出版发行：气象出版社

地　　址： 北京市海淀区中关村南大街 46 号		**邮政编码：** 100081	

电　　话： 010-68407112（总编室）　 010-68408042（发行部）

网　　址： http://www.qxcbs.com　　　　**E-mail：** qxcbs@cma.gov.cn

责任编辑： 王　迪　　　　　　　　　　**终　　审：** 张　斌

封面设计： 博雅锦　　　　　　　　　　**责任技编：** 赵相宁

责任校对： 张硕杰

印　　刷： 北京中石油彩色印刷有限责任公司

开　　本： 710 mm×1000 mm　1/16　　　　**印　　张：** 8.75

字　　数： 170 千字　　　　　　　　　　**彩　　插：** 1

版　　次： 2023 年 10 月第 1 版　　　　　**印　　次：** 2023 年 10 月第 1 次印刷

定　　价： 60.00 元

《气象重大工程能力建设专题研究丛书》
编委会

《中国海洋气象能力建设研究》
编写组

前　言

21 世纪是海洋的世纪。我国既是陆地大国，也是海洋大国，海域面积十分辽阔。海洋是我国国土空间的重要组成部分，是经济社会可持续发展的重要战略空间。党的十八大提出建设海洋强国的发展战略，明确了提高海洋资源开发能力、发展海洋经济、保护海洋生态环境、坚决维护国家海洋权益等任务，为我国海洋事业发展确定了战略目标。党的十九大、二十大继续围绕"坚持海陆统筹，加快建设海洋强国""发展海洋经济，保护海洋生态环境，加快建设海洋强国"等作出决策部署。海洋强国建设不仅已融入"第二个百年奋斗目标"，同时也融入实现中华民族伟大复兴"中国梦"的征程之中。

为贯彻落实海洋强国战略，全方位提升我国海洋气象监测预警服务能力，国家发展和改革委员会同中国气象局、国家海洋局于 2016 年编制并联合印发了《海洋气象发展规划（2016—2025 年）》。在深入分析我国海洋气象发展现状、面临形势、存在问题的基础上，明确了海洋气象发展的指导思想、目标、总体布局和主要任务，对海洋气象统筹布局、共建共享等做了安排，成为"十四五"及"十五五"期间全国海洋气象发展的基本依据。根据《海洋气象发展规划（2016—2025年）》分步实施要求及投资进度安排，中国气象局在 2018—2020 年实施了海洋气象综合保障一期工程项目，本着"突出重点、急用先建"原则，开展了海洋气象综合观测、海洋气象预报预测、海洋气象公共服务、海洋气象通信网络、海洋气象装备保障等能力建设。初步形成覆盖重点区域和领域的海洋气象综合保障能力，海洋气象服务水平在现有基础上得到较大提升，为后续进一步推进海洋气象综合保障工程建设奠定了良好基础。

当前我国已全面踏上建设社会主义现代化国家的新征程，迫切需要加快推进气象高质量发展，更好发挥防灾减灾第一道防线作用，为经济社会高质量发展和社会主义现代化强国建设提供有力支撑。为此，国务院于 2022 年 4 月印发了《气象高质量发展纲要（2022—2035 年）》，为气象高质量发展描绘了宏伟蓝图。其中，对实施海洋强国气象保障行动提出了明确目标和要求，如加强海洋气象观测能力建设，实施远洋船舶、大型风电场等平台气象观测设备搭载计划，推进海洋和气象资料共享共用；加强海洋气象灾害监测、预报、预警，全力保障海洋生态保护、海上交通安全、海洋经济发展和海洋权益维护；强化全球远洋导航气象服务能力，为海上运输重要航路和重要支点提供气象信息服务。

　　海洋气象能力建设是服务海洋强国战略的重要保障。海洋防灾减灾救灾，确保人民群众生命财产安全，推动"蓝色经济"高质量发展，建设"21 世纪海上丝绸之路"等，都迫切需要提高海洋气象服务保障能力和水平。高质量的海洋气象能力建设是气象强国的重要标志之一，是履行国际义务和对外交流的重要窗口，对提升我国气象大国地位，提高海洋气象话语权及参与国际海洋治理等具有非常重要的科学意义和政治意义。

　　面对新发展阶段对海洋气象高质量发展要求，以把握新时代建设海洋强国战略为目标，中国气象局开展了海洋气象能力建设的深入研究。研究团队参考了《海洋气象综合保障二期工程可行性研究报告》，并在此基础上进一步梳理了国际海洋气象进展，特别是发达国家海洋气象发展状况，我国海疆的天气与气候特征，分析研究了海洋气象观测、预报预测预警、服务和保障能力短板与需求，提出了海洋气象能力建设主要思路和针对性措施建议。

　　本书由陆楠、谭娟等编著，谭娟负责全书策划、编研与统稿，姜海如参与了统稿与编研指导。本书共分 8 章，第 1 章由陆楠、谭娟编写；第 2 章由谭娟、王璐编写；第 3 章由张诗歌、刘林编写；第 4 章由牛官俊、付硕、翟薇、王璐、伍洋、巴琦编写；第 5 章由谭娟、陈飘编写；第 6 章由谭娟编写；第 7 章由牛官俊、翟薇、王璐、伍洋、巴琦编写；第 8 章由陆楠、谭娟编写。张诗歌负责校对和参考文献的整理。

　　本书属于《气象重大工程能力建设专题研究丛书》，编委会主任程磊、副主任梁海河给予了悉心指导。本专题在研究过程得到了中国气象局相关直属事业单位和沿海地区各省、市气象部门的大力支持，并提供了大量资料和数据，有关专家提供了许多咨询意见和建议；中国气象局气象发展与规划院给予了大力支持与指导。本书的出版得到了中国气象局应急减灾与公共服务司、计划财务司、国家气象中心、国家气候中心、国家卫星气象中心、国家气象信息中心、数值预报中心、气象探测中心、公共气象服务中心、气象干部培训学院、上海物管处、天津市气象局、河北省气象局、辽宁省气象局、吉林省气象局、上海市气象局、江苏省气象局、浙江省气象局、福建省气象局、山东省气象局、广东省气象局、广西壮族自治区气象局、海南省气象局的大力支持，本书编研参考了大量文献。在此，对所有支持者、指导专家和以上贡献单位表示衷心感谢！

　　本专题力图理论与实践相结合，研究与应用相结合，但由于作者水平有限，难免有不妥之处，敬请专家、学者和广大读者批评指正。

作者

2023 年 3 月 8 日

目　录

第1章 绪 论

海洋，是地球上最广阔的水体，地球上海洋总面积约为 3.6 亿 km^2，约占地球表面积的 71%，约占地球上总水量的 97%，是天气和气候的主要驱动力，海洋温度的一个细微波动，都有可能导致世界各地的天气、气候发生剧烈的变化。因此，人类关注海洋和研究海洋气象的历史由来已久。

1.1 研究的由来与意义

1.1.1 研究的由来

我国是一个海洋大国，拥有漫长的海岸线和丰富的海岸带资源。海岸带经济在中国经济总量中占有十分重要的地位。中国的大陆海岸线长 1.84 万 km，岛屿岸线长 1.42 万 km，海岸线总长度超过 3.26 万 km，跨越 37 个纬度带，管辖海域面积 300 万 km^2，辽宁、河北、天津、山东、江苏、上海、浙江、福建、广东、广西、海南、吉林 12 个大陆涉海省（区、市），集中了全国 40% 以上的人口、70%以上的大城市和 60% 以上的社会总财富。我国海洋一期工程建设范围包含了吉林省图们江入海口，因此本文所指涉海省份包括了吉林省，共 12 个涉海省（区、市）。

但沿海地区台风、大风、暴雨和海雾等海洋气象灾害频发，造成的经济损失巨大。根据统计，从 2016 年至 2021 年，编号登陆我国的台风达到 41 个，累计造成直接经济损失达到 2860.7 亿元，死亡（失踪）人员达到 408 人，受灾人员达到 8935.6 万人次。其中，2020 年，有 5 个台风登陆我国，登陆台风具有生命期短、近海加强、阶段性明显的特点，但"黑格比"致灾较重，全年台风灾害共造成 8 人死亡（失踪），直接经济损失 309.4 亿元；2021 年，有 5 个台风登陆我国，台风灾害共造成 644 万人次受灾，4 人死亡，直接经济损失 152.6 亿元。与 1991—2020 年平均值相比，2021 年台风造成死亡人口明显减少，直接经济损失也有减少。但台风灾害一直是我国发展海洋经济和沿海地区经济社会发展的重大威胁。

因此，防御台风灾害，避免和降低台风灾害损失，一直是我国海洋气象工作的重中之重。为应对海洋气象灾害，我国自 20 世纪 50、60 年代起就开展了海洋气象业务。经过几十年的建设，初步建立了由观测、预报、服务、保障、通信网络等组成的海洋气象业务体系，台风预报预警水平等领域接近世界先进水平。

但海洋气象整体业务能力，尤其是海上气象观测、远洋服务等与世界领先水平相比尚存在较大差距，远不能满足我国海洋经济发展日益增长的需求。党的十八大以来，为贯彻落实国家关于"拓展蓝色经济空间""坚持陆海统筹，发展海洋经济，科学开发海洋资源，保护海洋生态环境，维护海洋权益，建设海洋强国"的发展战略，保障我国海洋经济发展战略全面顺利地实施，加强海洋气象服务，国家发展和改革委员会同中国气象局、国家海洋局于 2016 年编制并联合印发了《海洋气象发展规划（2016—2025 年)》，明确了海洋气象发展的指导思想、目标、总体布局和主要任务，对海洋气象统筹布局、共建共享进行了安排，对完善海洋防灾减灾体系、增强海上突发事件应急处置能力，以及增强海洋气象服务能力提出了具体要求，成为近十年全国海洋气象发展的基本依据。

2015 年，党的十八届五中全会提出了"创新、协调、绿色、开放、共享"的五大发展理念，在我国海洋气象建设中必须全面贯彻新发展理念。在新理念指导下，根据《海洋气象发展规划（2016—2025 年)》，在 2020 年以前实施了海洋气象综合保障一期工程项目，通过一期工程建设，初步形成覆盖重点区域和领域的海洋气象综合保障能力，海洋气象服务水平在现有基础上得到较大提升，积累了海洋气象工程建设经验，为后续全面推进海洋气象综合保障工程建设奠定了良好基础。由此，我国海洋气象能力建设研究进入一个新阶段。

2020 年，中国气象局以习近平新时代中国特色社会主义思想为指导，深入贯彻落实党的十九大报告确定的"坚持海陆统筹，加快建设海洋强国"决策部署，着力围绕服务国家"一带一路"建设、海洋经济发展、海洋综合防灾减灾救灾、海洋领土安全和海洋权益维护、海洋生态文明建设，以及应对气候变化和全球海洋治理的迫切需求，积极启动了海洋气象建设的深入研究。中国气象局按照"对接建设需求、明确总体任务、开展专项工作、组织方案编制" 4 个步骤稳步推进研究工作，先后组织开展了一系列针对性的调研，对涉海部委、央企、高校及科研院所，地方海事、海洋与渔业、涉海企业、港口码头、渔船渔民等 40 余个机构，充分了解各方服务需求、技术发展现状、科技支撑能力，以及共建共享、互联互通的合作意愿和合作基础。在深入调研基础上，通过研究国外海洋气象发展趋势，提出了我国海洋气象发展研究方案。由此，开启了我国海洋气象能力建设研究的新篇章。

1.1.2　研究的意义

我国海洋气象能力建设，事关海洋区域人民群众的生命安全、海洋经济生产发展、海洋生态良好和国土海疆主权安全，也关系到我国气象的国际地位、海洋气象话语权和海洋领域应对气候变化科学支撑。因此，深入开展海洋气象能力建设研究，不仅具有国内现实的政治经济意义，更具有争取我国国际地位和主导全球海洋领域应对气候变化的国际政治意义。

（1）通过研究为提高海洋气象能力建设决策水平提供支撑。海洋气象能力建设决策，无论是集体决策，还是个人决策，无论是宏观决策，还是微观决策，无论是确定性决策还是不确定性决策，无论是发展性决策还是追踪性决策，都必须严格遵循决策的科学程序。科学的决策程序包括：发现问题、确立指标、分析矛盾、制定方案、综合研究、方案选优。无论是决策程序的遵循，还是决策方法的运用，关键是有无翔实可靠的可供参考依据。而海洋气象能力建设研究则能提供决策信息，特别是通过研究提供"综合研究，方案选优"从而编制海洋气象能力建设分析报告，也是制定海洋气象能力建设决策方案和措施的关键一环。最合理的能力建设方案选择，最重要的依据之一就是综合分析报告。因此，只有在海洋气象能力建设报告指导下，并根据计划、模拟、试点等获得的综合信息，从总体上权衡利弊得失，选择最合理的能力建设决策方案，这样形成的海洋气象能力建设决策，才具有照顾全局、适合国情、经济合算、能见成效等特点。因此，海洋气象能力建设研究是提高海洋气象能力建设决策质量的前提。

同时，海洋气象能力建设决策的有效性，不仅取决于决策本身的质量，还取决于执行决策的认可水平。海洋气象能力建设研究成果所提供的对海洋气象能力建设决策的前置性反馈信息，能够提高执行决策的认可程度和自觉性，研究所形成的海洋气象能力水平、信息和决策依据，能够坚定对执行决策的认可、信心和满意程度。因此，海洋气象能力研究，也是提高海洋气象能力建设决策认可水平的基础。

海洋气象能力综合研究，既是政府部门对海洋气象能力水平的自我研究分析，也是对社会各方面海洋气象能力的一种监测和评价，为全社会进一步提升海洋气象服务能力提供参考。在海洋气象能力研究实践中，目前基本采取委托第三方研究，以发挥"第三方研究"优势，使研究结果更加科学、独立、客观、公正，从而促进海洋气象能力建设水平的提升，这已经成为政府科学决策海洋气象能力建设有效性的基础。

（2）通过研究为形成海洋气象能力建设共识提供依据。在现实中对海洋气象能力建设，不同主体之间往往存在许多不同的观点和认识，也成为制约海洋气象能力建设决策的重要方面。诸如对海洋气象能力建设的认识，投资者、设计者、实施者和服务对象的认知是有差别的，作为公共产品的海洋气象灾害预警能力，对政府来讲就是提供均等化全面覆盖的公众海洋气象预警服务，对气象工作者来说就是提供准确与及时的公众海洋气象预警信息，对政府各部门来说就是负责职能范围内的海洋气象灾害防御，对涉海社会公众来说就是满足自己生产生活所需要的海洋气象预警信息。在这些不同的主体之间既有一致的目的，又有不同的价值认识和追求。这就表明在不同的主体之间，对海洋气象能力建设的认识、价值观和质量观具有相对性。即使在相同的海洋气象能力建设领域也常常会发生矛盾和冲突。但通过海洋气象能力建设研究，通过一系列客观的、操作性强和大家认可的海洋气象能力指标和方法所形成的研究成果有利于大家作出分析和判断，就能有效地统一不同主体对海洋气象能力建设的认识，有利于各种主体形成合力，并且有针对性地解决不同主体存在的海洋气象能力不足问题。海洋气象灾害防御综合能力是由不同主体的合力形成。通过客观科学的海洋气象能力研究，特别是广泛吸收不同主体参与所形成的海洋气象能力研究结论，有利于大家形成共识。同时，海洋气象能力建设研究能够促进研究过程和研究结果的公开，有助于提高政府部门的社会公信力。

（3）通过研究为实现海洋气象能力建设不断优化提供选择。海洋气象能力建设，是一个不断发现问题、不断解决问题、不断推进能力建设和不断优化升级的有序过程，既应避免能力建设的盲目性，又应不断发现海洋气象能力方面存在的短板，以及解决能力结构不合理、不健全问题，这就需要以科学的海洋气象能力建设研究为基础。通过海洋气象能力建设研究，可以准确及时地为海洋气象能力建设者决策提供客观的能力状况信息，以及时调节、完善和改进海洋气象能力结构，不断优化海洋气象能力配置。同时海洋气象能力涉及的对象，是由不同层级的海洋气象能力建设决策者、建设者、日常运维者、参与者和受益者等组成的群体，海洋气象灾害防御群体的动力直接制约着海洋气象能力建设水平。通过海洋气象能力建设研究，使不同主体都能发现问题，主动参与能力建设，不断增强自身海洋气象能力，并自觉在气象灾害防御综合能力结构中发挥其最大作用。

（4）通过研究为促进海洋气象能力建设改革提供重要参考。长期以来，我国海洋气象能力建设体制，基本是政府大包大揽，负有能力建设的全部责任，而且政府参与的部门很多，也基本是各自为战。社会组织和社会公众基本属于旁观者，或在海洋灾害防御紧要关头完全听命于政府安排的被动者。通过海洋气象能力建设科学研究，可以清晰发现，传统海洋气象能力建设体制机制，存在部门协同能力不足，社会参与海洋气象能力建设不足，社会资源利用不足，海洋气象能力建设社会短板比较突出等问题，单纯的政府海洋气象能力建设远不适应现代海洋气象灾害防御形势和要求。

现代气象灾害防御要实现"两个坚持,三个转变",即"坚持以防为主、防抗救相结合,坚持常态减灾和非常态救灾相统一,从注重灾后救助向注重灾前预防转变,从应对单一灾种向综合减灾转变,从减少灾害损失向减轻灾害风险转变。"这就必须全面推进海洋气象能力建设,改革传统的政府大包大揽的海洋气象能力建设体制机制,完善"党委领导,政府主导,部门联动,企事业协同,社会参与"的体制机制。通过海洋气象能力建设综合性研究,所形成的研究结论,既为海洋气象能力建设体制机制改革提供共识,也为如何推进海洋气象能力建设体制机制改革提供参考,同时还可以为制定海洋气象能力建设法规和政策提供借鉴。

目前,由于海洋气象能力自身的特殊性以及发展的不平衡性,无论是海洋气象能力建设体制机制改革,还是海洋气象能力结构的改革调整;无论是海洋气象能力建设思想的调整,还是各级海洋气象能力建设的内容、方式的改革,改革到什么程度,会产生哪些效果和影响,只有通过科学研究,才能得到检验。海洋气象能力建设改革也是一个复杂的系统工程,为了保证海洋气象能力建设改革的有效和不断深入,在海洋气象能力建设体制机制改革方案形成决策之前,就应开展前置性研究,在改革方案实施过程中还应开展中期研究,以及时控制和调节改革的进程;在改革方案实施后,还应实施总括性研究,以检验改革的效果。

海洋气象能力建设研究业务化,可以通过对海洋气象能力发展水平的逐年综合研究,总结发展现状、分析发展趋势,参考发展水平指标分析差距和存在问题,是对海洋气象能力水平的动态监测。海洋气象能力建设研究,可以做到用数据来直观、客观地对海洋气象能力水平进行检验,可以检验能力建设是否到位、是否取得了实际的成效,从而找出存在的实际问题和短板,有利于各级政府和部门实时地动态地掌握海洋气象能力建设的真实情况和为深化改革提供参考。

(5)通过研究为气象领域服务国家"海洋强国"战略提供支持。党的十八大和党的十九大报告都提出"坚持陆海统筹,加快建设海洋强国"的战略部署,习近平总书记提出建设"丝绸之路经济带"和"21世纪海上丝绸之路"的重大战略,发展海洋经济上升到前所未有的高度。特别是南海海域位于国际航路的要冲,是我国对外开放的重要航道,也是国际重要航道,是维护国家海洋主权、积极推进"一带一路"建设的重要海域。海南由于特殊的历史、区位、政策、交通、外交、人文情势,南海周边国家是我国"一带一路"建设海上"丝绸之路"重要贸易伙伴国,沿岸港口是对外贸易支点。海洋发展战略把海南建成"21世纪海上丝绸之路"的南海资源开发服务保障基地、海上救援基地、博鳌首脑外交和公共外交基地、经济文化交流合作基地、南繁育种基地等基地和平台。要加快重点区域和重点项目的建设发展,打造一批符合"21世纪海上丝绸之路"建设需要的战略支点。气象是"海洋强国"建设重要支撑领域和服务领域，加强海洋气象能力建设研究，是推动我国海洋气象实现科学发展、绿色崛起的重要基础，对推进我国海域的气象监测、预报预警、气象服务和气象科研，对经济和国防都具有重要意义。

　　未来5年，我国海洋经济快速发展，对气象工作保障服务提出更多更高的要求，海洋气象发展既面临重要机遇，也面临严峻挑战。由于我国将重点推进一些区域的海洋经济发展，全面开启全国沿海海域旅游发展新篇章，并继续遵循绿色崛起的发展理念，加强海洋生态环境监测与保护，大力发展蓝色海洋经济。保障沿海省（区、市）快速发展，满足游客多样气象服务需求，满足生态环境良性发展气象服务需求，满足海洋资源开发与利用的气象服务需求，满足与沿海普通民众小康生活相称的气象服务需求，必须加强海洋气象能力建设研究，为推进海洋气象能力建设提供支持。

1.2　研究的主要范围与内容

1.2.1　研究的主要范围

1.2.1.1　研究的海岸线地区

　　中国沿海包括14个省级行政单位，即天津市、河北省、辽宁省、上海市、江苏省、浙江省、福建省、台湾省、山东省、广东省、香港特别行政区、澳门特别行政区、广西壮族自治区、海南省。

　　我国海洋一期工程建设范围包含了吉林省图们江入海口，因此本研究所指涉海省（区、市）为辽宁、河北、天津、山东、江苏、上海、浙江、福建、广东、广西、海南、吉林共12个。

1.2.1.2　研究的海洋区域

　　我国是一个海陆兼备的国家，既有广阔的陆地，又濒临渤海（内海）、黄海、东海、南海及台湾以东的太平洋等辽阔的海域。渤海、黄海、东海、南海连成一片（图1.1），呈弧形环绕在我国大陆的东面和东南面。

　　根据《中华人民共和国领海及毗连区法》《中华人民共和国专属经济区和大陆架法》，我国领海基线采用直线基线法划定，由各相邻基点之间的直线连线组成。我国领海的宽度从领海基线量起为12海里（1海里≈1.852 km）。（1）渤海是我国最北端的海域，被山东半岛、辽东半岛和华北平原环绕，仅东部以渤海海峡与黄海相通，是一个半封闭的大陆架浅海，海水平均深度约18 m，面积约7.7万 km^2。

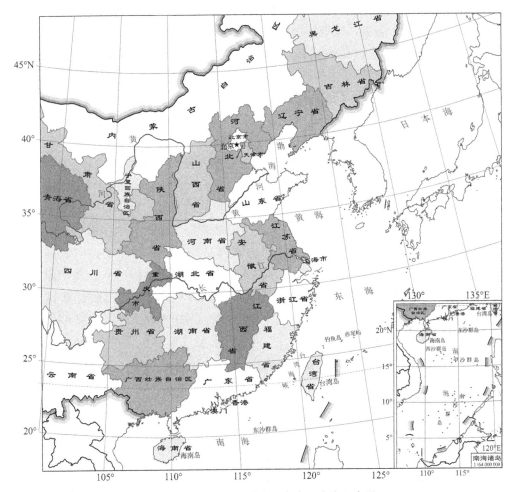

图 1.1　我国渤海、黄海、东海、南海示意图

（2）黄海位于我国大陆与朝鲜半岛之间，北在鸭绿江口，南以长江口北角到韩国济州岛的西南角连线与东海分隔，西北以辽东半岛南端的老铁山角到山东半岛北岸的蓬莱角连线与渤海分隔，为一半封闭的浅海，海水平均深度约 44 m，面积约 38 万 km²。（3）东海位于我国大陆与台湾岛以及日本九州岛和琉球群岛之间，北与黄海相连，南以广东省南澳岛到台湾岛南端连线与南海分隔，是一个比较开阔的边缘海，海水平均深度约 370 m，面积约 77 万 km²。（4）南海位于我国南部，南接大巽他群岛的加里曼丹岛，东邻菲律宾群岛，西面是中南半岛和马来半岛。南海海域辽阔，海水平均深度约 1212 m，最深达到 5559 m，面积约 350 万 km²。

　　毗邻我国的海域总面积约为 470 万 km²，其中，根据《联合国海洋法公约》规定，我国主张管辖的海域面积约为 300 万 km²，这其中包括了内海、领海、毗连区、专属经济区和大陆架。我国于 1958 年 9 月 4 日发表关于领海的声明，宣布中国的领海宽度为 12 海里，该规定适用于中国的一切领土，"包括中国大陆及其沿海岛屿和同大陆及其沿海岛屿隔有公海的台湾及其周围各岛、澎湖列岛、东沙群岛、西沙群岛、中沙群岛、南沙群岛以及其他属于中国的岛屿"。1982 年，联合国第三次海洋法会议通过的《联合国海洋法公约》把 12 海里规定为领海宽度的最大限制。1992 年，我国政府颁布了《中华人民共和国领海及毗连区法》，1998 年颁布了《中华人民共和国专属经济区和大陆架法》。

我国在海上与 8 个国家相邻或相向，从北到南依次为朝鲜、韩国、日本、越南、菲律宾、马来西亚、文莱和印度尼西亚。我国大陆海岸线北起鸭绿江口，南至北仑河口，总长度约 1.8 万 km，岛屿岸线总长度约 1.4 万 km。

我国海洋有着优越的自然条件和丰富的自然资源，根据《中国海洋统计年鉴 (2016)》数据，渤海、黄海、东海、南海四海平均深度为 961 m，岸线总长度 32000 km，500 m^2 以上的岛屿 7372 个，岛屿总面积达到 8×10^4 km^2，岛屿岸线长 14217.8 km。海洋能蕴藏量 6.3×10^8 kW，海岸带面积 2.8×10^5 km^2，滩涂面积 2.08×10^4 km^2，海水可养殖面积 2.60×10^4 km^2，浅海滩涂可养殖面积 2.42×10^4 km^2，渔场面积 2.81×10^6 km^2（表 1.1）。

表 1.1　我国海洋自然条件和自然资源

海洋自然条件		
海域	单位	渤海、黄海、东海、南海
平均深度	m	961
岸线总长度	km	32000
大陆岸线长度	km	18000
岛屿岸线长度	km	14217.8
岛屿个数	个	7372
岛屿面积	km^2	80000
海洋自然资源		
项目	单位	数量
海洋能蕴藏量	kW	6.3×10^8
海岸带面积	km^2	2.8×10^5
滩涂面积	km^2	2.08×10^4
海水可养殖面积	km^2	2.60×10^4
浅海滩涂可养殖面积	km^2	2.42×10^4
渔场面积	km^2	2.81×10^6

1.2.1.3　研究的对象范围

研究的对象主要为我国海岸线地区和海洋区域气象观测、预报预测预警和海洋气象服务问题，同时包括由世界气象组织指定海域国际气象服务。

（1）海洋气象综合观测能力建设研究。海洋气象观测能力是海洋气象预报预测和服务能力的基础。海洋气象观测涵盖所有在海面以上的大气、海-气界面、海面以下及与之相关的环境要素的观测。现代海洋气象观测包括地基、海基、空基和天基观测，是一个立体、综合的气象观测系统，观测平台包括岸基、岛基、塔台自动气象站、气象雷达站、GNSS/MET、闪电观测站、锚定浮标和漂流浮标观测站、船舶气象观测站、飞机以及卫星观测等。

海洋气象综合观测范围涉及多个沿海省（区、市），渤海、黄海、东海、南海等我国管辖海域，依托商用船只，观测能力覆盖所有航线区域，将观测能力辐射远海和远洋。重点研究形成海、岸、空、天四位一体、动静结合（固定站点和移动观测）、综合立体的海洋气象综合观测能力建设问题。

（2）海洋气象预报预测能力建设研究。海洋气象预报预测能力是海洋气象能力的核心，是开展海洋气象服务的支撑和保障。海洋气象预报预测是以气象科学理论为基础，现代科学技术为支撑，基于地球系统的观测事实，对未来一定时间内大气变化、海洋变化过程与状况的预报预测和预估，以及对人类生产生活、经济社会发展和生态环境可能产生影响的分析与预评估。海洋气象预报预测业务系统主要由以数值模式业务为基础的天气、气候、气候变化、海洋气象和空间天气等监测分析、预报预测、影响评价业务及相应的质量检验评定海洋气象业务、业务技术平台和业务流程等组成。发展海洋气象预报预测业务，是要不断提高海洋气象灾害的预报预测水平，增强防御和减轻海洋气象灾害以及应对气候变化的能力，为国民经济和社会发展以及人民福祉安康提供更加优质的海洋气象服务保障。

海洋气象预报预测重点研究涉及国家级、区域中心级、省级和地（市）级四级进行布局建设，构建形成更加完善的国家级、区域中心级（天津海洋中心气象台、上海海洋中心气象台和广州海洋中心气象台）和省级海洋气象预报预测体系。

（3）海洋气象公共服务能力建设研究。海洋气象服务是海洋气象发展的起点和归宿。海洋气象服务是指为以海洋为载体或媒介的相关行业或受海洋气象影响的相关领域提供的专业气象服务，包括海洋气象导航服务、海洋渔业气象服务、海洋资源开发气象服务、海上救援气象服务、海盐生产气象服务、海洋灾害性天气保障服务等。

海洋气象公共服务能力建设研究，重点围绕海洋经济发展和海洋安全需要的海洋气象服务产品的研发、发布和服务，对部门内的任务、流程、分工和智能技术应用进行科学研究，为海洋服务对象提供更准确、更及时、更便捷和更有效的服务产品。

（4）海洋气象保障能力建设研究。海洋气象保障能力是海洋气象保障系统或单位为其保障的任务的顺利完成提供相应技术、装备、信息、网络和支持等保障措施所具有的一种能力。海洋气象保障是一个由众多要素和环节组成的复杂系统，其中海洋气象装备保障系统由海洋气象综合保障基地、无人飞机保障平台和海洋气象移动应急保障组成，为海洋气象观测业务的高效稳定运行提供运行监控、测试维修、计量检定、物资储备、装备管理等保障服务。

对海洋气象保障能力进行研究，为改进和提高海洋气象保障系统或单位的建设提供科学的依据，从而推动海洋气象保障的发展。因此，必须根据海洋气象综合观测、海洋预报预测预警和海洋气象服务能力建设的需要，开展海洋气象保障能力建设研究。

1.2.2　研究的主要内容

本专题以把握新时代建设海洋强国战略为目标，聚焦台风海洋"三个全球"（全球监测、全球预报、全球服务）建设和研究型业务建设的关键需求与难点，研究主要内容包括六项。

（1）国际海洋气象发展状况。推进我国海洋气象能力建设，需要了解国际海洋气象发展状况，发展时空布局、发展需求特征，为我国海洋气象发展提供借鉴和经验。客观分析我国海洋气象能力距离建设海洋经济强国的差距，发挥我国的特有优势，有针对性地推进我国海洋气象能力建设。因此，在本专题的第2章，重点分析研究了国外海洋气象的发展现状，为推进我国海洋气象能力建设提供借鉴和参考。

（2）中国海疆天气与气候特征。我国是一个海陆兼备的国家，既有广阔的陆地，又濒临渤海（内海）、黄海、东海、南海及台湾以东的太平洋等辽阔的海域。渤海、黄海、东海、南海连成一片，呈弧形环绕在我国大陆的东面和东南面。我国海疆南北跨越37个纬度，具有寒、温、热3个气候带不同大气环境特点。黄海和渤海处于在北温带海的边缘，东海属亚热带性质，南海地处热带与亚热带。沿海环境生态也有明显的地带性差异。研究海洋气象能力建设，首先必须研究和把握中国海疆天气与气候特征、海洋灾害性天气的危害，以根据中国海疆的天气与气候特征，有针对性地提出海洋气象能力建设措施。因此，在本专题的第3章对海疆天气与气候特征进行了研究分析，为海洋能力建设提供基础性的科学支持。

（3）海洋气象能力建设现状。近些年来，我国海洋气象业务取得较大进展，现代海洋气象业务体系初步形成，我国已经成为世界气象组织海洋气象服务区域专业气象中心，各级气象台站的海洋气象预警服务效益良好，我国海洋气象业务服务发展取得显著成就。目前，我国海洋气象能力建设已经具有一定基础，要进一步提升海洋气象能力，就需要弄清现状，在此基础上通过或新增、或重建、或加强、或改进等综合性工程措施，以推进海洋气象能力建设。推进海洋气象能力建设，必须摸清家底，把握现状，既应考虑把存量资源用活用好，又应考虑补齐短板，以实现海洋气象能力建设效益最大化。在本研究的第 4 章重点分析研究了海洋气象能力现状，为推进海洋气象能力建设效益最大化奠定坚实基础。

（4）海洋气象发展短板与需求分析。海洋气象能力建设是一项系统工程，考虑到建设投资效益的最大化，有效补齐海洋气象能力建设短板可能是最有效捷径。海洋是地球系统需要重点关注的领域，具有很强的活跃度和影响力。当前，我国海洋气象科学、业务、服务虽然取得较大发展，但面对海洋经济发展的强劲需求，以及海洋气象科学和业务存在的短板，海洋气象发展还面临巨大的挑战。因此，在本研究的第 5 章重点研究了海洋气象发展短板与需求分析，为形成海洋气象能力建设主要思路和对策提供了充分依据。

（5）海洋气象能力建设总体设计。在前面研究分析了国际海洋气象发展状况、中国海疆天气与气候特征、中国海洋气象能力建设现状、中国海洋气象发展短板与需求的基础上，为了贯彻落实建设海洋强国发展总目标，按照"监测精密、预报精准、服务精细"总要求，研究提出了我国海洋气象能力建设的总体设计，遵循合理、协同、集约、高效的原则，对海洋气象能力建设进行了统一规划、部署和安排，使整个海洋气象能力建设项目布局紧凑，流程顺畅，经济合理。本研究在第 6 章重点提出了海洋气象能力建设总体思路、总体目标、结构和功能，同时提出了海洋气象能力建设总体布局和流程设计，为海洋气象能力高质量建设提供了系统的科学设计。

（6）我国海洋气象能力建设主要任务。根据我国海洋气象能力建设总体设计，为推动总体设计的实施，研究提出了海洋气象能力建设的各项具体任务，包括海洋气象综合观测系统、海洋预报预测系统、海洋公共服务系统和海洋综合保障系统等四大系统建设。在第 7 章分四大系统建设进行了具体研究，分别提出了建设目标、布局与任务，为全面加强气象海洋能力建设明确了重点并提出相应措施。

（7）海洋气象能力建设预期效益风险分析及对策。我国海洋气象能力建设是一项巨大的系统工程，其经济效益非常巨大，同时也伴随相应风险。海洋气象能力建设的预期效益和预期风险情况，是建设投资论证必须关注的问题，也是实施建设投资的重要依据。为此，本专题研究在第 8 章从社会效益、经济效益和生态效益这三方面对海洋气象能力建设的预期效益进行了客观分析，同时对建设风险进行客观分析。为有效达到预期效果，本研究有针对性地提出了对策建议，为决策提供参考。

第2章 国际海洋气象发展状况

海洋气象是国际社会共同关注的领域。因为海洋气象既涉及大气又涉及海洋，因此它是大气科学和海洋科学共同研究的领域。由于西方发达国家先行对海洋的开发利用和对海洋资源的掠夺，推动了早期海洋气象科学的发展，并促进了国际海洋气象事务发展的进程。

2.1 国际海洋气象进展

2.1.1 国际海洋气象探索开端

环绕地球的大气层与覆盖地球表面超过 70% 的海洋之间存在着紧密的联系，人类对大气和海洋的科学探索起点可以追溯很久远的历史。1853 年第一次国际海洋气象会议在比利时的布鲁塞尔召开（贾朋群，2014）（以下简称布鲁塞尔会议），会议的参加者有来自比利时、丹麦、法国、英国、荷兰、挪威、葡萄牙、瑞典和美国 9 个国家的 12 名代表，其中包括政府官员、海军官员、行业代表、科学家。正是在这次会议上，就航行于全球海洋上的船只进行气象和海洋观测达成了一致意见。

布鲁塞尔会议通过了船只观测记录的标准形式以及进行必要观测项目的指南。指南只限于保证一致性的最低要求。24 行的观测记录形式则较为全面，观测的要素包括：气压、湿球温度和干球温度、风速和风向。需要列出的信息有：云量、云状、云移动的方向、海表温度和海水温度。补充信息包括以下天气现象的描述：飓风、海上龙卷风和极光等。布鲁塞尔会议以后，1861 年 2 月英国开始通过电报通信对海运提供预警服务。

布鲁塞尔会议的重大意义在于统一的海洋气象观测网在这次会议之后逐渐形成，为全球海洋运输业大发展创造了条件。对气象学家来说更为重要的是，这次会议直接促成了 20 年以后的 1873 年第一次国际气象大会在巴黎召开和世界气象组织（World Meteorological Organization，WMO）的前身国际气象组织（International

Meteorological Organization, IMO) 的成立, 为最具广泛意义的国际气象合作奠定了基础。布鲁塞尔会议的倡导者和组织者是美国海洋学家莫里, 应当说他也是国际海洋气象学先驱, 布鲁塞尔会议可以说是国际海洋气象发展开端。

2.1.2 国际海洋气象组织沿革

国际进行气象观测合作, 一般认为从 1780 年开始, 最初的观测网中只有 11 个气象台, 最后全欧洲发展到了 40 个 (戴维斯, 1992)。1873 年, 第一届国际气象大会, 决定成立非官方的国际性气象机构——国际气象组织 (IMO)。国际海洋气象发展经过近 100 年的发展, 到 1952 年由 WMO 赞助成立海洋气象委员会 (Commission for Maritime Meteorology, CMM)。在接下来的 45 年内, 几乎每 4 年都有大会召开, CMM 的主要的任务是: (1) 海上观测的数据传输; (2) 海上观测的标准; (3) 气候数据; (4) 为公共海事提供服务。CMM 第 2 届会议 (1956 年) 讨论了一些与其他组织或者项目开展合作的工作, 例如支持国际地球物理年 (International Geophysical Year), 与航空气象学委员会 (Commission for Aeronautical Meteorology) 合作制定契机的条件, 与观测工具和方法委员会 (Commission for Instruments and Methods of Observation) 进行的有关海上自动观测站的合作。尽管 CMM 在国际海洋气象方面做了很多贡献, 但在实际协调操作中, 在现代技术迅速发展过程中, 以及快速增长的海洋气象需求中仍显示出了局限性。因为那时 CMM 和海洋学的观测网、资料管理、应用计划、服务项目等都是通过两个独立的机构进行国际间协调的。这两个分别独立的机构, 一个是隶属 WMO 的海洋气象委员会, 另一个是隶属联合国教科文组织的政府间海洋学委员会 (Intergovernmental Oceanographic Commission, IOC)。这两个委员会通过全球海洋集成服务系统 (Integrated Global Ocean Services System, IGOSS) 进行相关国际事项协调。

因此, 1999 年, 在第 13 届 WMO 大会和第 2 届 IOC 会议上正式确定成立"WMO/IOC 海洋学与海洋气象学联合技术委员会 (The Joint WMO/IOC Technical Commission for Oceanography and Marine Meteorology, JCOMM)"。初期阶段是将 CMM 和 IGOSS 合并为新机构, 这个机构目前属 WMO 的 8 个技术委员会之一。JCOMM 的职能是为世界海洋观测、数据管理、服务系统的充分集成进行国际协调、发展和推荐各种标准与规范化流程。主要任务是在各种国际合作的项目、计划、任务、活动中促使其成员与成员国的利益最大化。

JCOMM 是在 WMO 和 IOC 联合技术委员会框架下建立的全球海洋气象和涉海政府单位及组织的合作机构, 通过该机构, 联系国际气象学和海洋学领域, 通过海洋气象相关数据管理与共享, 交流各种海洋气象服务产品, 共同应对国际海洋观测与服务面临的各种需求。JCOMM 委员会由一位气象学家和一位海洋学家担任联合主席，这反映了该委员会对气象学和海洋学各类研究项目的集成责任。在他们的联合领导下，组成一个管理委员会，指导各方面的任务开展与监督项目进展。

JCOMM 委员会主要负责 3 个领域的工作：（1）观测网；（2）服务和预报系统；（3）资料管理。JCOMM 的长期目标为：增加海洋和海洋气象服务，以增强海上和沿海地区海上生命与财产的安全；增强基于经济、商业和工业活动的海上风险管理；增强海洋和海岸带管理；协调和扩展资料、信息、产品和服务的提供，满足气候研究、气候变率确认和预报等方面的需求。

至 2017 年，各分委会的组成情况大致如下：管理分委会的共 9 位成员，来自意大利、南非、英国、澳大利亚、肯尼亚、希腊、美国各一位，还有两位来自俄罗斯。海洋能力需求培养分委会共 6 名成员，分别来自澳大利亚、芬兰、坦桑尼亚、加拿大和美国，其中澳大利亚有两位成员。观测项目领域分委会共有 581 位成员，其中有多位来自中国气象局和中国国家海洋局的专家。资料管理项目领域分委会共有 69 位成员，其中有 2 ~ 3 位中国专家。服务与预报系统项目领域分委会共有 223 位成员，其中有多位中国专家。气候变化专家团队共 11 位成员，有 1 位中国气象局的专家。天气、气候与渔业专项团队，共 9 名成员，卫星资料需求团队，共 7 名成员，两团队没有中国专家参与。

2. 2　国际海洋气象发展现状

WMO 成立以后，航海气象学有较大发展，由 WMO 接办 IMO 的自愿观测船系统有了很大的扩充，到 1963 年第 4 届大会时，全球有 3000 多条船从世界各地的海洋提供气象资料。至 1972 年底，全球约有 8500 个地面站、5500 条商船、较以前更多的海洋天气船、商用飞机和气象卫星在一个完整的全球观测系统内协调地工作。

1993 年是国际海洋气象发展的一个新起点。当年联合国政府间海洋学委员会（IOC）、世界气象组织（WMO）、国际科联（International Council for Science，IC-SU）和联合国环境规划署（United Nations Environment Programme，UNEP）发起并组织实施了全球海洋观测系统计划（Global Ocean Observing System，GOOS），其目标是建立一个统一、协调、资料和产品共享的国际系统，提供海洋资料和信息，使人们能够安全、有效、合理、可靠地利用和保护海洋环境，进行气候预测和海岸管理，同时也能使小国家和欠发达国家参与并从中获益。

GOOS 通过与全球各种有关监测、观测系统的相互合作，共同发展来实现其目标。目前该系统已发展成 13 个区域性观测系统，其中的大洋观测系统由海洋锚定浮标和漂流浮标、Argo 浮标观测为主，船舶气象观测为辅构成，主要观测表层海水温度和气压，以及风、气温和波浪等要素。

国际 Argo 计划自 2000 年底正式实施以来，世界上共有 35 个国家和团体已经在大西洋、印度洋和太平洋等海域陆续投放了 14000 多个自动剖面浮标，部分浮标投放后由于技术或通信故障等原因已停止工作。截至 2020 年底，在全球海洋上正常工作的剖面浮标总数为 3967 个，这一数字已接近该计划提出的建成由 4400 个活跃浮标组成的全球 Argo 实时海洋观测网的目标。其中美国 2193 个、澳大利亚 325 个、法国 277 个，列第一至第三位；德国 213 个、日本 208 个、英国 148 个、加拿大 132 个、其他欧盟国家 106 个、意大利 82 个、中国 70 个（第十位），欧洲、南美洲和非洲南部，以及太平洋岛国等也参与布放浮标。全球海洋上仍在正常工作的浮标的大概位置（截至 2022 年 3 月底）如图 2.1 所示。

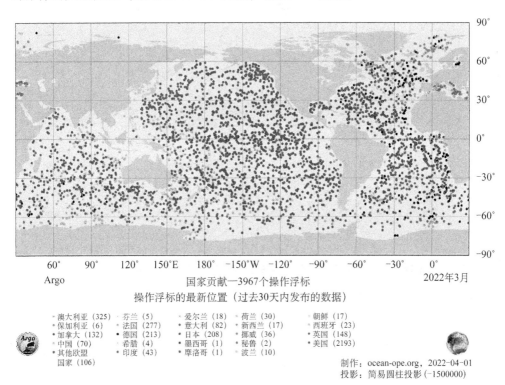

图 2.1　全球海洋上仍在正常工作的各国浮标大概位置（截至 2022 年 3 月底，见彩图）

另据国际 Argo 信息中心（Argo Information Centre，AIC）统计，截至 2020 年 4 月底，在全球海洋 3967 个活跃浮标中，APEX 型浮标（美国生产）的贡献最大，达到了 1010 个，其次是 ARVOR 型浮标（756 个，法国），SOLO_Ⅱ 型（661 个，美国），NAVIS_EBR 型（525 个，美国）、S2A 型（400 个，美国）、NAVIS_A 型（144 个，美国）、ARVOR_L 型浮标（81 个，法国）、SOLO_D 型（63 个，美国）（图 2.2）。由美、法两国研制的其他各型浮标占比比较大，而由中国研制、布放的 HM2000 型剖面浮标，仅有 11 个。2022 年 3 月，全球海洋上可使用的平台包括漂流浮标 1368 个，海岸浮标 306 个，锚定浮标 93 个，海啸浮标 35 个，热带浮标 68 个（图 2.3）。

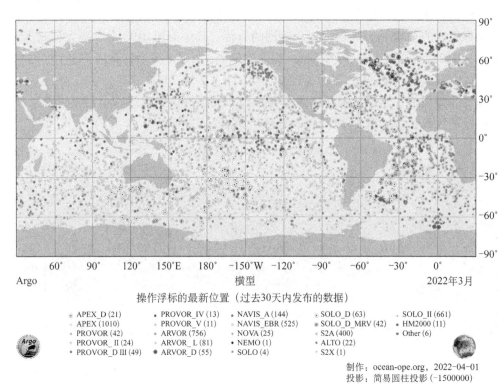

图 2.2　全球海洋上正常工作的 Argo 浮标类型分布（截至 2022 年 4 月底，见彩图）

另外，针对预报需要的适应性观测发展迅速。国际上早就提出了所谓适应性观测（adaptive observations）或目标观测（targeting observations），即针对某一特定时间和区域的预报对象，通过数值方法，找到其上游敏感区，对所需种类的资料适时加强观测，将新的大气观测"敏感"信息通过资料同化方案应用于数值预报模式的初值，通过提高模式初值质量，进而提高模式预报准确率。敏感区的识别一方面可作为海上增加观测设备的依据，同时也可作为灾害性天气预报的应急观测依据。

受海洋洋流、极端（大风、大浪）天气系统等的影响，海洋空基观测，特别是垂直观测，同样处于缺乏状态，除开展海岛探空站点布设外，目前较为主流的

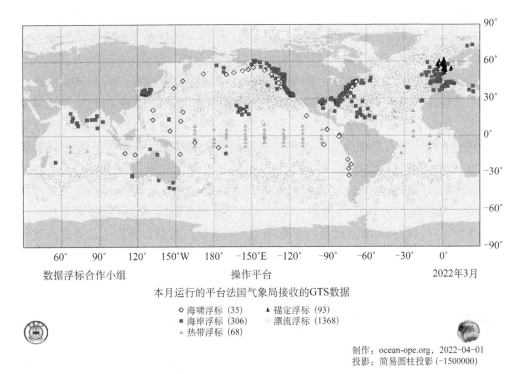

数据浮标合作小组　　　　　　操作平台　　　　　　2022年3月
本月运行的平台法国气象局接收的GTS数据

◇ 海啸浮标 (35)　　　　▲ 锚定浮标 (93)
■ 海岸浮标 (306)　　　　◌ 漂流浮标 (1368)
⬥ 热带浮标 (68)

制作：ocean-ope.org，2022-04-01
投影：简易圆柱投影 (-1500000)

图 2.3　全球海洋上可使用平台分布（2022 年 3 月数据，见彩图）

观测手段是美国为主导的有人机和无人机观测模式，由于美国在飞机整体工业领域的领先地位，建立了较为完善的有人飞机观测体系，近年来以"全球鹰"无人机为代表的平流层气象观测系统也逐步在台风观测领域发挥作用；此外，在船载探空方面包括美国、欧盟开展科考船等方面的系列试验，对弥补海洋垂直观测资料空白，实现对卫星资料的真实性检验和比对校正起到了一定补充。

2.3　美日欧海洋气象发展状况

2.3.1　美国海洋气象

美国位于北美洲中部，本土位于大西洋和太平洋之间，另外它的飞地阿拉斯加位于太平洋和北冰洋之间。美国海岸线长 22680 km，是世界上海洋专属经济区面积最大的国家。优越的海洋自然地理环境不仅为美国提供了丰富的海洋空间、海洋生物、海洋矿产、海洋旅游等资源，也给美国带来巨大的经济利益。美国也成为世界上海洋气象最强的国家。

目前，美国国家气象局是美国商务部下属的国家海洋和大气管理局（National O-ceanic and Atmospheric Administration，NOAA）内的一个分支。美国海洋气象观测起步很早，美国系统的气象观测记录要追溯到大革命前，乔治·华盛顿和托马斯·杰斐逊当政时期都在弗农山（Mount Vernon）和蒙蒂塞洛山（Mount Monticello）开展了最初始的观测，虽然观测站数和小型观测网在大革命和 19 世纪中期之间有所扩大，但是气象资料系统化的收集和发布一直到电报发明之后才实现。1870 年美国发布了第一个天气观测立法条例，明确规定天气观测的任务是：发布风暴警报；为农业、商业和航海业提供天气和洪水信号；测量和报告河水流量；维护和运作沿海电报线，收集和向商业及航海业发送海况信息，全面开启了美国海洋观测序幕。20 世纪，从 1957 年开始，美国国家气象局在美国各地陆续部署了新一代雷达 WSR-57，最初的重点是受飓风影响的沿海地区。这使得预报员能够更准确地定位和评估即将登陆的飓风的结构和强度。1960 年 4 月 1 日，美国发射了世界上第一颗试验性气象卫星"泰罗斯"1 号。1961 年，大西洋飓风 Esther 成为在卫星云图中看到的第一个主要热带气旋。到 20 世纪 70 年代末，地球上几乎所有的热带气旋都能从卫星云图上看到。到 20 世纪 90 年代，气象卫星的高分辨率可见光和微波图像可以近乎实时地监测热带气旋的双眼壁结构演变。

20 世纪 80 年代，美国就建立了全国永久性海岸带观测和大洋观测的海洋立体观测系统，其中有 175 个海洋观测站，80 个大型浮标等。从观测手段来看主要包括人工观测、遥测和遥感观测方式；根据观测平台的不同，可分为船舶自动气象观测站、海上浮标观测站、岸基/海岛/平台自动气象站以及卫星观测等。20 世纪 90 年代开始，美国海洋界形成了两大系统：从海洋科学前沿的研究目标出发，在美国国家科学基金委员会（National Science Foundation，United States，NSF）的支持和组织下，形成了以海底联网为基础的"大洋观测计划"；从近海环境资源的管理保护应用目标出发，由 NOAA 主持协调，形成了跨政府部门的"整合海洋观测系统"，目标是以海面观测为主的业务性观测。目前二者均在建设过程之中，无论战略构思还是科技含量都可能引领着国际潮流。

目前，美国的海洋观测系统，有 100 多个近海锚系固定浮标和观测平台，500 多个漂移浮标，超过 1500 艘志愿观测船，200 多个海平面观测站，在沿海海域采用高频雷达进行海流测量。用于全球大洋监测的 Argo 浮标释放了 1000 多个，美国在大西洋布设的火箭浮标可以进行全年连续的高空气象探测。除了浮标观测站、岸基观测站外，美国飞机运行中心（Aircraft Operations Center）拥有 Lockheed WP-3D Orion 等数架有人和无人专用气象观测飞机，用于飓风等灾害性天气的探测工作。美国还建立由 121 部高频地波雷达构建的全美东西海岸海流监测网络，实现对近海海域的全覆盖监测。

美国的海洋气象预报起源于路易斯安那州的新奥尔良，美国陆军信号队在新奥尔良港口收集各航次带来的海洋气象信息。美国海洋气象预报业务在 1904 年转由美国国家气象局承担。在 1957 年美国国家气象局开始向涉海人员出版双月刊《气象记录》，报告北半球过去一段时间的海洋信息，尤其是海上热带气旋的信息，提供每月海上气候特征。在美国国内，从 1971 年开始，《天气图》正式由官方在纽约、旧金山、火奴鲁鲁几个城市公开出版，而 1972 年《北太平洋预报》也以同样的方式公开出版。1986—1989 年海洋中心作为美国国家气象中心的所属单位，负责美国国家气象局的海洋气象预报。1989—1995 年，美国国家气象局的海洋预报部也开始提供海洋要素客观分析和预报产品。1995 年在美国国家环境预报中心下成立了海洋预报中心，该中心承担北大西洋和北太平洋的海洋预报预警工作。由于海洋是连接世界各大洲的水域，海上航行是世界性、国际性的经济活动与人文交流，而海洋气象是海上活动的重要保障，并且需要国际的协作。因此，参与国际海洋气象组织的协调与运作非常重要。

目前，美国国家海洋预报中心（Ocean Prediction Center，OPC）主要职责是以图片、文档和声音等形式发布 5 天内大西洋和太平洋的天气预警和预报，负责评价观测与数值模式进展及科研成果和业务试验、拓展海洋客户的媒介、发展业务海洋产品。

美国国家飓风预报中心（National Hurricane Center，NHC）负责提供未来 5 天飓风路径、强度和大风的预报及其相应的概率预报产品，提供热带气旋生成及其发展趋势预报等，负责向美国和周边地区发布警戒和预警。包括三个主要科室，分别是飓风专家科，负责监视北大西洋和北太平洋东部海盆的热带气旋等热带扰动，发布美国沿岸（包括美国加勒比海领土）热带气旋监测与预警，为 WMO 第四海事区内从事天气预报服务的其他国家或组织就热带天气监测与预报提供建议。在非飓风季节，负责相关领域的培训工作。热带分析预报科是 NHC 的核心部门，负责北太平洋和南太平洋东部热带及亚热带地区、北大西洋天气的分析与预报，提供热带气旋位置以及基于 DVORAK 技术的强度信息。技术支持科负责将最新工具及技术运用到热带气旋预报业务中，包括热带气旋自动预报系统、计算机通讯系统及网站的支持，与热带气旋相关的统计和动力模式的运行。

气候预测中心提供不同海区、不同深度的海温、热容量变化的实时监测，及时更新海洋信息。美国飓风中心及大西洋、太平洋海洋和环境实验室等，致力于提升对热带气旋和热带天气的理解和预报能力。基于模式、理论和观测资料的综合研究，重点是针对飓风的飞机观测，在机载多普勒雷达、下投式探空仪、云微物理和海气相互作用的观测和研究方面处于国际领先地位。

2.3.2 日本海洋气象

日本位于太平洋西岸，是一个四面环海的海洋岛国，海岸线总长度为 33889 km，其中北海道、本州、四国、九州四个大岛的海岸线长度 19240 km。海洋气象和海洋状况与日本经济发展息息相关。及时收集和分析处理海洋气象和海洋状况信息，是日本为本国经济社会生产及时提供地震海啸、波浪、天气和气候预报、预测、警报的前提和基础。

因此，日本海洋气象起端很早，1872 年 8 月，日本最早在北海道函馆开设气候测量所，这就是函馆海洋气象台的前身。1883 年 2 月开始气象电报，东京气象台绘制天气图，同年 5 月东京气象台开始发布暴风警报。1884 年 6 月东京气象台每天 3 次发布全国天气预报，标志着日本天气预报的开始。1921 年 3 月开始在观测船上进行海洋气象观测。1922 年新设置测候技术官养成所，于 12 月开始发布暴风警报。1928 年 11 月开始渔业无线气象通报。1941 年 9 月成立以三陆沿岸为对象的海啸警报组织。1947 年 10 月开始海上定点观测。1954 年 9 月在大阪设置业务用气象雷达。1970 年 4 月气象火箭观测所建成。1977 年 7 月静止气象卫星发射成功。日本气象厅从 1972 年起至 1981 年，在日本东部太平洋沿岸设置了 7 处海雾观测站，使用海雾计监测海雾并提供海雾情报。从 1975 年起，日本气象厅在日本周围海区沿岸选择了最具有外洋波浪代表性的地点 18 处，设置了超声波式波浪仪，形成了日本沿岸波浪观测网，并实现了向气象厅内的自动资料编辑中心的自动通信传送。日本气象厅在全国选定 19 处进行沿岸水温观测，并从 1979 年实现了水温观测自动化记录。1992 年 4 月开设厄尔尼诺现象监视中心。日本同时接收西北太平洋的归档气象资料（表 2.1）

表 2.1 来自西北太平洋的归档资料数量

年份	日本船舶/次	外国船舶/次	合计/次
1988	124001	105707	229708
1989	115286	79390	194676
1990	114289	58251	172810

到 20 世纪 90 年代中期，日本气象与海洋气象观测信息由下述的 5 个观测网实现：宇宙气象观测网，由静止气象卫星和极轨气象卫星组成。高层气象观测网，由探空气球和气象火箭组成。气象雷达观测网，由 20 部气象雷达组成。地面气象观测网，由全国 162 个气象台站和 1313 个自动气象站及若干生物季节观测站组成。海洋气象观测网，由海岸防灾观测、海洋气象观测船、商船、海洋气象自动浮标

站、海冰监测站等组成。日本以岸基观测站和锚系浮标为主，组成了水上、水下立体海洋观测系统。海洋气象观测网具有较高的密集度和较多的新式观测仪器支撑，在布设观测设备及引进新式观测设备时，以解决科学问题和服务需求为目的，充分发挥观测系统在实况监测、预报预警检验、现场服务以及改善模式性能等方面的综合应用价值，另外还结合模式的数值模拟和数据同化技术来帮助设计和评估观测系统。

2.3.3 欧洲海洋气象

欧洲西部位于中纬度（40°—60°N）大陆西岸的地区，终年盛行来自大西洋的西风，深受大西洋的影响。因此，欧洲海洋气象受到欧洲，特别是西欧国家的关注，欧洲具有先进海洋观测技术，欧洲国家根据海洋经济的发展需要建设了局域海洋观测系统，并对现有观测系统进行了大规模的集成和二次开发。在此基础上建成了区域海洋观测系统，从而显著提升了为海洋科学研究和海洋经济发展服务的水平。

2.3.3.1 英国海洋气象

英国是欧洲西部一个岛国，英国海岸线全长达 1.24 万 km，专属经济区约 680.56 万 km^2。因此，英国历来对海洋气象发展非常重视。1784 年，英国人杰弗里斯首次用氢气球进行高空观测，赫顿提出降雨学说。1809 年，沃利斯首次进行气球测风。1851 年，皮丁顿出版了风暴法则方面的书，使用了"气旋"这个术语。英国气象局（United Kingdom Meteorological Office, UKMO）成立于 1854 年，1914 年气象局划归军队管理，1920 年隶属于空军，1964 年归属于国防部，1990 年成为独立的执行机构（孙健 等，2011）。

英国海洋气象是世界上开始最早的国家之一，是 1853 年第一次国际海洋气象会议代表国之一，在 19 世纪中叶就基本形成地面观测系统，并不断在殖民地海关建设气象观测站，在气象观测领域一直走在世界前列。1914 年，道格拉斯用飞机进行气象观测，设计出风暴雨模式。1936 年，英国气象局在海上船舶上做高空分析。1941 年，用雷达观测雷雨。1964 年英国气象局利用卫星拍摄云图，1977 年"欧洲 1 号"气象卫星发射上天，加速了英国气象服务的数字化管理。1990 年新的超大型计算机应用于气象服务，使英国气象局的大陆和海洋气象服务实现了真正意义上的数字化运作。

目前，英国的全国海洋观测系统由英国环境、渔业及水生物研究中心与英国气象局等单位合作建设，最初的目的是为海洋渔业服务。到 2010 年拥有波浪观测站 14 个，温度和盐度观测站 38 个，智能化生态监测浮标 19 个。在网站上可以看到关于各种鱼群、鱼疾病以及鱼捕食的信息，可以看到英国海岸区域海浪、潮位以及生物化学信息。波浪观测系统是与中国气象局合作建立的。参数有：有效波高、波高最大值、波峰周期、平均波高、平均波周期、波扩展、温度、平均水位、风向和风速等。系统具有以下特点：①高时间空间分频率取样，②物理、化学和生物多参数测量，③智能化保真取样，④现场校正，⑤卫星通信，⑥可根据客户需要制定监测项目。

英国的海洋气象预报可追溯到 1859 年英国皇家蒸汽机航船在威尔士外海安格尔西岛附近的海难事故。由此自 1861 年 2 月英国开始通过电报通信对海运提供预警服务，从 1911 年开始英国气象局通过无线电通信发布英国周边海域的海洋气象预报，包括大浪和风暴警报。该项服务延续至今，仅在第一次世界大战和第二次世界大战期间有过中断。

2.3.3.2　法国海洋气象

法国，位于西欧地区，主要气候类型为温带大陆性气候和地中海气候，本土海岸线长达 3424 km，海外海岸线 2000 km，专属经济区达 1169.1 万 km²。西部属温带海洋性气候，南部属亚热带地中海气候，中部和东部属大陆性气候。

1664 年法国在巴黎开始进行气象观测，一直延续至今。波义耳根据冰的融点对温度表进行刻度。1775 年法国为进行医学研究，建立了气象观测网。1855 年建立首批气象观测站网，1863 年为港口播报首个预警。1878 年成立中央气象局（隶属于公众教育部）。1907 年法国建立海岸局，由海上的行船发送气象电报。1929年研发首个无线电探空仪。1945 年成立国家气象局（隶属于交通部）。1949 年建立首个气象雷达。1950 年首次使用电脑制作天气预报。1959 年发射首颗气象卫星。1968 年开发首个业务用数值预报模式。1993 年成立现在的法国气象局（Météo-France）。

目前，法国有 70 艘志愿观测船，利用 BATOS 系统测量每小时的气压、风（速度和方向）、温度、湿度、海温和目视观测（能见度、过去和现在天气、云和浪高）；有 6 个锚定浮标，大西洋、加勒比海、地中海各 2 个，观测每小时的气压、风（速度和方向）、温度、湿度、海温、海浪方向谱等；还有几个漂流浮标。法国气象局还承担风暴潮预报任务，并建立了风暴潮预报业务模式，该模式每天运行 4次，预报时效 48 h，分辨率约 5 km，预报东大西洋和地中海 2 个区域，预报结果通过预报平台发布。

2.3.3.3　德国海洋气象

德国，位于 47°—55°N 的北温带，西北部海洋性气候较明显，往东、南部逐渐向大陆性气候过渡，海岸线长 2389 km。

德国的海洋气象研究历史悠久。德国是最早发展气象事业的国家之一，德国连续气象数据记录可追溯到 1881 年。1900 年，德国开始建立气象数据观测网，当时气象观测系统已初具规模、堪称先进，全境约有 350 个人工气象观测站，15 个探空气球释放点，2400 个降水测量点与 1500 个雷暴天气报告处。气象业务人员需要记录的观测变量包括云量、云状、能见度、风速、风向、气温、最高气温、最低气温、气压、湿度、降水、天气现象、日照时长、积雪厚度。这些观测量也一直沿用至今。1935 年，德国境内气象站数量增加至 552 个，降水测量点增加至约 4400 个。1955 年，德国气象局确立了 11 个气象观测中心，190 个地面观测站点、13 个高空气象观测点与 3992 个降水观测点。另外还新增了 4 个观测变量：辐射强度、地表温度、云高、雪水当量。

1966 年德国气象局首次结合气象卫星数据使用大型计算机进行数值天气预报。1970 年，气温数据的采集频率由每天 4 次提高至每小时 1 次。1977 年第一颗欧洲气象卫星发射并投入使用。1982 年，风向、风速数据采集频率也提高到每小时 1 次。1985 年，德国气象雷达网建立。1986 年，欧洲气象卫星应用组织（European Organization for the Exploitation of Meteorological Satellites，EUMETSAT）成立，卫星气象数据得以共享。1989—1992 年，云高、降水、能见度、气压、湿度、日照时长、地表温度数据采集频次均提高到每小时一次。温湿度廓线探测频次为每 3 h 一次。1999 年，气象探测飞机投入使用。温、湿、压、风速、风向的数据采集频次提高到每 30 min 一次。2003—2007 年，所有地面气象观测数据采集频次均提高到每 30 min 一次。2008 年，气象卫星观测数据分析、资料同化技术广泛应用。

直至 2019 年，总部位于美因河畔奥芬巴赫（Offenbach am Main）的德国气象局全境范围内拥有 5 个局地气候与环境咨询中心、5 个航空气象咨询中心、3 个农业气象咨询中心、182 个一级气象站、1735 个二级天气与降水监测站、1082 个物候观测站、18 个天气雷达站点、10 个探空观测点（每年施放约 7000 个探空气球）。

德国气象事业发展至今已有 120 年，整个发展过程可分为两个阶段。第一阶段，20 世纪上半叶，德国花了 50 年的时间摸索着建立了气象观测站，确定了气象观测要素，奠定了地面、探空观测网的基础；第二阶段，从 20 世纪 60 年代至今，随着科技的进步，德国数值天气预报得以大力发展。卫星、雷达观测数据的使用、计算机的进步、资料同化等先进技术的运用使得预报准确率大幅提高。

2.3.3.4　挪威海洋气象

挪威，位于北欧斯堪的纳维亚半岛西部，海岸线长 21192 km（包括峡湾）。大部分地区属温带海洋性气候，近海岛屿达 15 万个以上，被称为"万岛之国"。

挪威气象在世界近现代气象学发展史上具有很高地位。世界著名的挪威气象学家、物理学家、近代天气学、大气动力学的创始人之一Ⅴ·皮叶克尼斯于1918年提出中纬度气旋的极锋学说，创立气旋的现代模式，形成了气象学术界的挪威卑尔根学派。1921年根据理论和观测事实，提出著名的大气环流图案。20世纪20年代，气团、极锋学说、锋面气旋模型被称为"极锋气象学"。锋面气旋和极锋学说是卑尔根大学气象系得名"学派"的主要原因之一。

早在1866年挪威就成立了气象研究院，挪威气象研究院总部设在奥斯陆，下设有3个分支机构，分别位于挪威东部、西部和北部，彼此之间相对独立。主要职责是近海和极地的天气预测和气候分析。目前，挪威共有大约800个气象观测站，其中约有300个地面天气站，500个降水观测站。卫星和天气雷达也是探测系统的重要工具。在挪威，通过气象观测网对大气和海洋进行不间断地监视。世界上唯一保留下来的气象船"极锋号"仍在运行，它已从海表、海底以及大气中获得了50多年的数据。

在欧洲由于每个国家的国土面积都比较小，研究和分析大中尺度天气系统在一个国家内完成是不可能的。因此，必须走合作之路。欧洲的气象国际合作组织很多，欧洲各国都积极参与这些国际组织的合作。欧洲气象中心一直提供大量的数值天气预报产品；欧洲气象卫星探测组织，主要通过气象卫星全球观测系统提供高质量高分辨率云图和广泛的气象产品，同时也提供先进的气象卫星应用数据。挪威气象研究院也积极参与区域性合作。

2.4　发达国家海洋气象发展主要特点

2.4.1　海洋气象服务多元化体系业已形成

美日欧发达国家注重海洋气象灾害预警、预报信息产品的制作，通过在时空尺度上匹配用户的数据信息来提供有针对性的服务；同时经常对信息类型及信息发布渠道进行审定，以满足不断细化的用户分类和不断增加的用户需求。不定期为决策者和用户提供技术援助与培训，使用户能更好地适应风险和对灾害的应急响应与管理等。

日本因其四面环海、气候等自然条件的综合作用，多发台风、暴雨、大雪等气象灾害。饱受气象灾害之苦的日本人非常重视气象防灾、减灾，将其视为可持续发展的重要前提。日本针对海洋气象灾害以及其他各种自然灾害，建立了一整套完善的防灾、减灾法律体系。日本先后颁布实施了《灾害对策基本法》《气候变暖对策法》《防洪法》等与气象灾害有关的法律。为了应对各种气象灾害，从日本中央防灾会议的指挥中心，到各地方政府、公共团体的防灾中心，都建立了完善的网络系统，实时反映监测地点传输的灾害数据信息、受灾地区和灾害发生程度等。根据气象情报，日本建立、健全了灾害预警机制。日本气象厅在可能发生灾害时发布"注意报"，在可能发生重大灾害时及时发布"警报"。警报包括"何时、何地、何事"三要素，紧急情况下随时通过媒体播送。政府和媒体默契配合，接到灾害预警后，日本各级政府须根据事先制订的区域防灾计划启动警戒机制和应急机制，进行全面、有序、高效的防灾部署，使信息能够得到及时、有效的传播。平时也注重开展多种形式的防灾知识宣传和教育，通过印制种类繁多的防灾手册、知识卡片、公益讲座、组织演练等方式向民众宣传普及防灾知识。

世界气象组织全球气候服务架构早已建立，业务体系已经形成，只有北极尚空缺。美国建立了一系列气象灾害防御法律、法规，以及一套完备高效的自然灾害应急管理体系。美国的自然灾害应急管理分为"减灾措施—灾前准备—应急响应—灾后重建"4 个环节，其中相关气象保障措施及海洋气象灾害服务保障包括：建设灾害监测预警系统；建立灾害服务信息迅速传播的平台和工作机制；在全国广泛开展灾害应急知识培训、灾害应急演示、防灾科普教育等。

2.4.2　海洋气象预报预警业务不断拓展

发达国家海洋气象预报向定量化、精细化、无缝隙方向发展。海区划分精细，一般以本国为基准，分为沿岸、近海和远海 3 个预报服务范围，在此基础上再细分海域，开展精细化的海洋气象预报。依托多种观测资料融合技术的发展，灾害性天气实时监测将实现全方位、广覆盖。随着高分辨率专业海洋模式的发展，定量化、精细化要素预报和灾害性天气的短时预报能力将进一步提高。而随着预报时效的延长，概率预报产品将成为海洋气象业务发展的主要方向。

中尺度模式内涵拓展，海洋气象要素模式产品丰富。主要包括风、海雾、能见度、海浪、风暴潮、海温等；预报时效较长，英国发布未来 120 h 的近海海洋天气展望，美国发布未来 96 h 海洋预报分析产品；注重海洋监测资料的分析和应用，注重数值预报产品的应用，从物理过程出发，发展海洋灾害天气的概率预报产品。

海洋气象预报能力强，海区覆盖范围广。美国的海洋天气预报覆盖东太平洋、大西洋、印度洋。从 2013 年开始，美国国家海洋预报中心（OPC）已经开始发布 5 d 内海上大风、海浪以及海平面气压等格点化预报产品，为海洋用户提供更为精细化的预报产品。正逐步发展基于集合预报技术的海洋中期（5~7 d）概率预报业务。NHC 的飓风路径预报误差呈减小的趋势。2011 年大西洋飓风路径 24 h 预报误差 49 海里（91 km），较 1990 年的 102 海里（188 km）减小了一半。在 2003—2004 年预报质量提高更为明显，究其原因，NHC 认为应归功于数值预报模式分辨率的提高、物理过程的改进，特别是海洋上遥感资料的应用和同化技术的提高。

2.4.3　资料综合应用和数值预报相互促进

　　发达国家海洋气象发展与海洋资料的综合应用，与数值预报发展密不可分。在业务监测系统方面，目前美国用于飓风和海洋气象监测业务主要有 25 kmASCAT 和 25 kmWindSAT、SSM/I、云导风以及 TRMM 反演，卫星反演风产品不断完善并能实时传输到业务平台上，动态显示 10 h 累计的卫星反演洋面风拼图。业务人员充分利用这些资料进行系统追踪和强度监视。另外，美国气象部门通过近海网格化的浮标布设，实现海洋天气监测和卫星资料标定等功能。在资料融合分析应用方面，国际上目前应用于业务的资料同化技术包括三维变分、四维变分、集合卡尔曼滤波和混合变分等，可支持全球和区域同化，包括除常规监测资料外的卫星辐射资料、飞机探测、雷达探测等资料的同化。再分析资料集是气候分析、历史灾害个例研究、数值模拟研究等工作的重要基础资料，欧洲中期天气预报中心、美国、日本等国家分别建立了较高时空分辨率的再分析资料集，并不断地采用新技术进行更新维护。

　　在数值预报方面，美国多年来一直致力于热带气旋预报模式的开发，除全球数值模式外，GFDL、HWRF、NAM、HARW 等热带气旋区域数值预报模式都在业务应用中不断升级更新。在日常业务检验中，参加评估的数值模式及方法就有 20 多个。在美国的飓风预报业务中，基于单模式的集合预报系统 GEFS、北美集合预报系统和欧洲中期天气预报中心集合预报系统，是重要的技术支持。目前用于台风路径和大风预报的集合预报产品主要以形势诊断分析产品、集成预报产品（如 GUNA，TVCN，FSSE，ICON）、基于模式偏差订正的模式集成预报产品（如 FSSE，TVCC）为主。另外，对飓风业务支持的还有海浪集合预报系统（利用 GEFS 集合预报的 10 个成员的风场提供驱动）以及风暴潮集合预报系统（具有 2000～4000 个集合成员）。

2.4.4　海洋气象业务平台及信息网络资源集约高效

　　美国的 N-AWIPS 系统操作方便、调阅资料快捷准确、综合图设置丰富，配色合理统一；该平台观测资料、数值预报产品显示便捷直观，对集合数值预报产品支持功能强；交互工具非常齐全、使用方便；平台中集成了格点差值、Blend 等日常业务用技术方法，确保平台对业务的全面支撑；业务平台与历史数据库调用方便。NHC 开发了独立的台风应用加工系统，重点开发了高分辨率卫星观测资料的应用，整体系统功能及布局较符合业务需要；操作简便、功能强大，特别是在客观指导产品的分析应用方面开发了大量分析工具，使得预报人员能更好地掌握天气系统的发展；预报员在 15 min 内可以完成主要实况、预报数据的调阅，可以有更多的时间进行天气分析和预报制作。

美国国家气象中心在全国雷达探测资料和雨量计资料生成之后 5 min 即可以全部收集完毕。预报员可以在 15 min 之内浏览到制作预报所需要的资料。另外由于网络资源的保障，高分辨率数值预报模式系统运行便利，可在不同的部门运行 4 个中尺度模式共计 24 个成员的热带气旋区域集合预报系统，实时支持预报业务。NCEP 各部门之间的内网高速便捷，即使在不同地区，资料调用和产品共享等方面感觉不到由于地域距离造成的延时。

日本、韩国等国家以岸基观测站和锚系浮标为主，组成了水上、水下立体海洋观测系统。发达国家海洋气象观测网具有较高的密度和较多的新式观测仪器支撑，在布设观测设备及引进新式观测设备时，以解决科学问题和服务需求为目的，充分发挥观测系统在实况监测、预报预警检验、现场服务以及改善模式性能等方面的综合应用价值，另外还结合模式的数值模拟和数据同化技术来帮助设计和评估观测系统。

第3章 中国海疆天气与气候特征

研究和认识我国海疆天气与气候特征，不仅是推进我国海洋气象研究的基础，也是推进我国海洋气象能力建设的客观需要。由于我国海疆面积广、岸线长、岛屿多，天气与气候类型复杂。因此，推进我国海洋气象能力建设，必须把握海疆不同区域的天气与气候特征。

3.1 中国海疆地理特征与气候概况

3.1.1 中国海疆地理特征

我国是一个海陆兼备的国家，既有广阔的陆地，又濒临渤海（内海）、黄海、东海、南海及台湾以东的太平洋等辽阔的海域。我国海疆呈以下地理特征。

（1）海疆面积广。我国海域总面积约为 473 万 km^2，其中根据《联合国海洋法公约》的规定，我国主张管辖的海洋疆域面积约为 300 km^2。与我国在海上相邻或相向依次为朝鲜、韩国、日本、越南、菲律宾、马来西亚、文莱和印度尼西亚 8 个国家。

（2）大陆海岸线长。我国大陆海岸线北起鸭绿江口，南至北仑河口，总长度约 1.8 万 km，仅次于澳大利亚、俄罗斯、美国和加拿大，居世界第五位。

（3）海疆岛屿多。我国约有 7600 个岛屿，其中最大为台湾岛，面积 35759 万 km^2；其次是海南岛，陆地面积 3.54 万 km^2，岛屿岸线总长度约为 1.4 万 km。

（4）四海呈如意弧形。我国渤海、黄海、东海、南海连成一片，呈如意弧形环绕在我国大陆的东面和东南面。

渤海是我国的内海，三面环陆，在辽宁、河北、山东、天津三省一市之间。具体位置在 $37°07'$—$41°0'N$，$117°35'$—$121°10'E$，辽东半岛南端老铁山角与山东半岛北岸蓬莱角的连线是渤海与黄海的分界线。渤海海岸线全长约 3800 km。东西宽约 346 km，南北长约 550 km。面积约 8 万 km^2，平均深度 18 m。根据地形地貌，渤海可分辽东湾、渤海湾、莱州湾、中央浅海盆地和渤海海峡 5 部分。入海的主要河流有黄河、辽河、滦河和海河，年径流总量达 888 亿 m³。地势由沿岸向中央和海峡倾斜，地形单调平缓。

黄海是太平洋的边缘海，位于我国大陆与朝鲜半岛之间。具体位置在 35°—45°N、120°—123°E，北在鸭绿江口，南以长江口北角到韩国济州岛的西南角连线与东海分隔，西北以辽东半岛南端的老铁山角到山东半岛北岸的蓬莱角连线与渤海分隔，为一半封闭的浅海。南北长 870 km，东西宽约 556 km，面积约 38 万 km²。全部为大陆架，平均深度 44 m，中央部分深 60～80 m，最大深度 140 m。流入的各河携带泥沙较多，近岸海水呈黄色，故名黄海。黄海北部沉积物，粗、细粒度呈不规则斑块状分布；东部则粗细沙兼有，并有砾石和基岩；南黄海西部，呈南北向带状分布，中间为黏土质软泥，东、西两侧为细砂和粗粉砂。

东海位于我国大陆与台湾岛以及日本九州岛和琉球群岛之间。具体位置在 23°00′—33°10′N、117°11′—131°00′E，北与黄海相连，南以广东省南澳岛到台湾岛南端连线与南海分隔，是一个比较开阔的边缘海。东北—西南长约 1296 km，东西宽约 740 km，面积约 77 万 km²。平均水深 370 m，最大水深在冲绳海槽，为 2719 m。入海河流主要有长江、钱塘江、闽江、瓯江和浊水溪。海底地形似扇形，由西北向东南作台阶式加深。海底沉积物呈带状分布，近岸为粉砂、粉砂质软泥和软泥；中部为广阔的细砂、中砂和砾石分布，间或有软泥细粒沉积；冲绳海槽为黏土质软泥。东海为地震活跃区，尤以琉球群岛最为频繁，震级可高达 7～8 级。

南海为我国近海中面积最大、水最深的海区，是中国海疆最南之处。具体位置在 3°40′—11°55′N、109°33′—117°50′E，北起雄南滩，南至曾母暗沙，东至海里马滩，西到万安滩。面积约 350 万 km²，平均水深 1212 m，最大深度 5559 m。入海的主要河流有中国的珠江、越南的红河、湄公河和泰国的湄南河等。地形似菱形，从四周呈阶梯状向中部加深。可分陆架、大陆坡和深海盆等地貌单元。南海位居太平洋和印度洋之间的航运要冲，在经济上、国防上都具有重要的意义。

3.1.2　中国海疆自然气候

我国海疆南北跨越 37 个纬度，长达约 3700 km，东西横穿 20 多个经度，宽 2000 多千米，具有温带、亚热带、热带 3 个气候带的不同气象环境特点。气候温暖适宜，自然条件十分优越，适合于冷水种、温水种、暖水种多种海洋生物的繁殖。沿海环境生态有明显的地带性差异：华北与东南沿海以大河平原海岸为特色，而在华南热带气候环境下，海岸繁殖着红树林与珊瑚礁，形成了典型的高生产力、高生物多样性的生态系统。

3.1.2.1　渤海和黄海的气候

黄海和渤海处于在北温带海的边缘。冬季，在大陆高压和阿留申低压活动影响下, 渤、黄海区多偏北大风, 平均风速为 $6 \sim 7$ m·s^{-1}。南黄海海面开阔, 平均风速增至 $8 \sim 9$ m·s^{-1}。伴随强偏北大风, 常有冷空气或寒潮南下, 风速可达 24.5 m·s^{-1} 以上, 在渤海及北黄海沿岸, 气温可剧降 $10 \sim 15$ ℃, 间或降大雪, 是冬季的主要灾害性天气。春季开始季风交替, 偏南风增多, 至 6—8 月, 盛行偏南风, 平均风速为 $4 \sim 6$ m·s^{-1}。但遇有出海气旋或台风北上时, 风力也可增至 10 级 ($24.5 \sim 28.4$ m·s^{-1}) 以上, 又常伴有暴雨, 或者引发风暴潮, 是夏季的主要灾害性天气。

气温在 1 月份达最低, 渤海平均为 $-4 \sim 0$ ℃, 黄海由北至南为 $-2 \sim 8$ ℃, 南北温差可达 10 ℃。最高气温渤海出现于 7 月, 平均为 25 ℃, 黄海出现于 8 月, 为 $24 \sim 27$ ℃。平均年降水量, 渤海为 $500 \sim 600$ mm, 北黄海为 $600 \sim 750$ mm, 南黄海可接近 1000 mm。雨季在 6—8 月, 降水量可占全年的一半, 甚至高达 70%。

渤海和黄海还以多雾著称, 渤海在 4—7 月, 黄海在冬、春、夏三季, 沿岸均多雾, 尤以 7 月为最多。多雾区分布于渤海东部、大连至大鹿岛、成山角至青岛、鸭绿江口以及江华湾至济州岛沿岸。渤海平均每年有 $20 \sim 24$ 个雾日, 黄海更多, 又以成山角最甚, 平均 83 d, 最多的年达 96 d。连续雾日的最长记录是青岛, 1942 年 6 月 29 日至 8 月 4 日, 共计 37 d。

3.1.2.2　东海的气候

东海纵跨温带和副热带, 冬季受亚洲大陆高压影响, 以偏北大风为主, 平均风速可达 $9 \sim 10$ m·s^{-1}。南部海区以东北风为主, 特别是台湾海峡, 风向较稳定, 风速也较大。冬季寒潮南下之时, 在冷锋过境之后, 常出现 $6 \sim 8$ 级偏北风, 并伴有明显降温。冬、春季形成于台湾以东、以北海面的温带气旋, 对东海的影响也很大, 常突然出现偏北大风, 对航行和捕捞作业造成危害。夏季以偏南风为主, 平均风速仅 $5 \sim 6$ m·s^{-1}。东海的大风带位于浙江沿岸、舟山群岛以及台湾海峡。东海西北部大风的日数为 $120 \sim 140$ d, 台湾海峡为 $100 \sim 120$ d, 琉球群岛附近仅 $10 \sim 40$ d。

夏季全海区气温大致为 $26 \sim 29$ ℃, 南北差别不大。冬季冷气团南下之后, 从海洋获得热能而变性, 气温明显升高, 致使海区南北气温差异高达 14 ℃, 气温年变幅北部可达 20 ℃, 南部则仅 10 ℃ 左右。东海的年降水量, 东、西两侧有明显的差别, 西侧平均 1000 mm 左右, 东侧可超过 2200 mm 以上。东海的降水区域随季节有明显变化。冬季在东侧的台湾东北部及济州岛附近多雨, 而西半部少雨; 春、夏季台湾东北部的多雨区消失; 6 月份江浙沿海多雨, 相继进入 "梅雨" 期; 7 月以后至年底, 为东海的少雨期, 但强热带风暴和台风侵袭时, 也会带来暴雨。

东海也常有海雾, 雾期在春、夏两季, 以 4—5 月最多。海区西部及济州岛附近海域为东海的多雾中心，东海的东部和东南部则少雾。这与黑潮高温水流经过有关，因为暖海面上的底层大气不稳定，不利于海雾的形成和维持。正因如此，终年高温的台湾东岸，全年很少有雾。在台湾海峡中部，因风力较大，也不利于海雾的形成。然而，在台湾西南部的高雄，雾又较多，年平均雾日可达 34 d。

3.1.2.3　南海的气候

南海位于热带，又属典型的季风气候区。每年 9 月前后，东北季风到达台湾海峡，11 月至翌年 4 月，全海区均由东北季风所控制。4 月于马六甲海峡开始出现西南季风，至 6 月可遍及全海区，而 7—8 月为最盛期。南海的大部分海域，东北季风以 11 月为最强，多为 4～5 级，有时也达 6～7 级，大风区在南海北部、巴士海峡及南沙群岛以西海域。相对而言，西南季风风力一般较小，多在 4 级以下。然而在海南省西部沿岸莺歌海，全年却以春风较大，4 月的月平均风速为 5.5 m·s^{-1}；最小在 12 月，仅 3.4 m·s^{-1}。年平均大风日数，南海比渤、黄、东海都少，只有粤东沿岸靠近台湾海峡的区域，大风日数较多，有的年份可达 100 d。台风是南海的主要灾害性天气系统，每年平均有 10 个左右的台风和强热带风暴活动于南海海域。

南海海域气温终年都很高，7 月高达 28 ℃，即使在隆冬 1 月，南海南部仍达 26 ℃，北部通常不低于 15 ℃。南海年降水量为 1000～2000 mm，有明显的区域差异。海区北部有干季和雨季之分，干季为 11 月至翌年 3 月，降水较少，雨季为 5—10 月，降水量超过蒸发量 800 mm。海区南部其实并无真正的"干季"，因为那里全年各月的降水量均超过蒸发量，尤其 10 月至翌年 1 月，降水量比蒸发量多 750 mm 左右。

中国南海海雾较少，主要出现在北部湾和广东沿岸海域。海口年平均雾日最多，也只有 41 d，其他大部分海区都在 15 d 以下，莺歌海和西沙群岛几乎全年无雾。南海的雾期为 12 月至翌年 4 月，以 1—3 月为最盛，且有从东北向西南雾期渐次提前的特征。

3.1.2.4　中国沿海地区的气候

我国沿海地区主要有三种气候类型，其中温带季风气候型有辽宁、天津、山东和江苏（北部）；亚热带季风气候型有江苏、浙江、福建、台湾、广东、广西；热带季风气候型有海南、广东雷州半岛、台湾省南部。

温带季风气候主要特点：季风显著。夏季高温多雨：夏季太阳高度角增大，昼长，气温较高，从热带海洋吹来的东南季风带来丰沛的水汽；夏秋常受热带气旋影响。冬季寒冷干燥：最冷月均气温在 0 ℃以下，冬季寒冷，成因有：纬度较高、离冬季风源地近、地形较低平坦地势西高东低使冬季风得以削弱。这种气候带来的主要灾害天气是：冬、春季：寒潮（沙尘暴、霜冻、白害）；夏季：强对流天气（雷雨、大风、冰雹）。

亚热带季风气候主要特点：季风性特征明显，夏热冬温，四季分明。最热月平均气温一般高于 22 ℃，最冷月气温在 0～15 ℃。年降水量多在 800～1600 mm，下半年降水通常占全年的 70%，降水总量从东南沿海向西北内陆递减。亚热带季风气候出现在亚热带大陆东岸，位于 25°—35°N。亚热带季风气候经常有寒潮、台风、梅雨、伏旱等气象灾害发生。

热带季风气候主要特点：我国热带季风气候的特点是终年高温，年平均气温在 20℃ 以上。年降水量丰富，许多地区的年降水量超过 1500 mm，一年有明显的旱季和雨季。热带气旋和季风雨给经济可能造成严重危害。

3.2 海洋灾害性天气的危害

3.2.1 台风的危害

3.2.1.1 台风简述

台风是一种具有较强暖心结构的气旋性涡旋，中心附近最大风力定义为 12 级（32.7 m·s^{-1}）以上（张可 等，2021）。根据热带气旋发生海域的不同，通常对其有不同的命名，台风一般起源于西北太平洋以及我国东南沿海区域，而飓风一般起源于大西洋和东北太平洋海域（郭云霞 等，2020）。

3.2.1.2 台风带来的危害

台风灾害主要是在台风登陆前和登陆之后引起的。每年西北太平洋热带气旋有 50% 会对我国造成影响，我国也是受台风影响最严重的国家之一，台风引起的直接灾害通常由以下三方面造成：

（1）狂风。台风风速大都在 17 m·s^{-1} 以上，甚至在 60 m·s^{-1} 以上。据测，当风力达到 12 级时，垂直于风向平面上每平方米风压可达 230 kg。因此，台风大风及其引起的海浪可以把万吨巨轮抛向半空拦腰折断，也可把巨轮推入内陆；飓风级的风力足以损坏甚至摧毁陆地上的建筑、桥梁、车辆等。特别是在建筑物没有加固的地区，造成的破坏更大。大风亦可以把杂物吹到半空，使户外环境变得非常危险。

（2）暴雨。一次台风登陆，降雨中心一天中可降下 100～300 mm，甚至 500～800 mm 的大暴雨。台风暴雨造成的洪涝灾害，来势凶猛，破坏性极大，是最具危险性的灾害。

（3）风暴潮。当台风移向陆地时，由于台风的强风和低气压的作用，使海水向海岸方向强力堆积，潮位猛涨，海浪排山倒海般向海岸压去。强台风的风暴潮能使沿海水位上升5~6 m。如果风暴潮与天文大潮高潮位相遇，能产生高频率的潮位，导致潮水漫溢，海堤溃决，冲毁房屋和各类建筑设施，淹没城镇和农田，造成大量人员伤亡和财产损失。

3.2.1.3　台风带来的灾难

许多自然灾害，特别是像台风这样等级高、强度大的自然灾害发生以后，破坏了人类生存的和谐条件，常常诱发出一连串的其他灾害。这些次生灾害和衍生灾害常常容易被人们忽视，从而造成重大人员伤亡和财产损失。

台风的次生灾害包括暴雨引起的山体滑坡、泥石流等。另外，房屋、桥梁、山体等在台风中受到洪水长时间的冲刷、浸泡，即便当时没有发生坍塌，待台风、洪水退去后，由于上述原因容易出现房屋、桥梁坍塌等，也要引起高度的警惕。

我国是台风引发的地质灾害较严重的国家，台风暴雨引发的滑坡、泥石流等地质灾害十分频繁，最易造成人员伤亡。例如前几年的台风"云娜"重创浙江时造成乐清市发生重大泥石流地质灾害，台风"龙王"暴雨引发山洪灾害，台风"莫拉克"影响台湾岛时造成的泥石流淹没了一整个村子。在一些大、中城市，台风造成的暴雨和海水倒灌很可能造成城市内涝等次生灾害，引发交通瘫痪、地铁停运等，影响城市正常运行甚至造成人员伤亡。

台风还可能造成生态破坏、疫病流行，如台风引起的风暴潮会造成海岸侵蚀，海水倒灌造成土地盐渍化等灾害；台风造成的泥石流会破坏森林植被；台风引发的洪水过后常常容易出现疫情等。有时候台风甚至会造成农作物的病虫害，2005年在遭受"麦莎"和"卡努"台风影响后，台风外围的西北气流和降水有利于稻褐飞虱大量回迁入上海地区，曾造成上海田间褐飞虱虫量猛增。

3.2.2　海上大风的危害

长期的天气预报实践表明，海上大风都是在某些特定的天气形势下产生的。通常有两种情况：一种是天气系统本身发展造成的大风，如低压大风、冷锋后偏北大风、台风大风、雷暴大风、龙卷大风等；另一种是高、低压系统相互配置造成某一部位气压梯度较大而出现的大风，如高压后部的偏南大风。台风大风、雷暴大风、龙卷大风等主要发生在夏半年，尤其是夏季，基于夏半年风灾事故少，而且随着气象科技发展，诸如台风等一般渔船能提前收到警报并做好避风准备，就可以避免事故的发生。

特别是以下几种海上大风影响我国近海地区时，就应引起沿海和涉海经济社会活动的高度注意：

（1）低压大风。这类大风在春季出现最多，正在加深发展的低压（低压位于高空槽前且槽前有暖平流）经常在我国北部或东部海区造成6级以上大风，大风可以是低压前部的偏东大风、中部的偏南大风或后部的偏北大风。

（2）冷锋后偏北大风。冬半年，当冷高压南下（即冷空气南下）时可出现很强的偏北大风，甚至寒潮大风，大风在冷锋后高压前部等压线密集的区域，这类大风春季最多，冬、秋季次之，夏季最少。

（3）高压后部偏南大风。这是我国东部沿海地区常见的大风，偏南大风出现时地面形势多为东高西低型，东部的高压（通常为太平洋暖高压）稳定加强，西部低压加深发展（表现为高压后部有强烈暖平流），这类大风多发生在春、夏季。

另外，对于在日本海附近作业的渔船还需要注意发生在日本近海的大风形势：冬、春季产生于台湾省东北海面上的低气压开始形成时中心气压往往并不低（即低压不强），边向东北方向移动边发展，到达日本南部海面迅速加深（中心气压下降），常伴有10级以上大风，随后移速加快，大风范围不断扩大，天气十分恶劣，航行于日本近海的船舶往往由于对此类低压的迅速加强估计不足而发生海事；同样，产生于黄海、东海的低压移至日本海后也会迅速加深引起强劲的西南风，通常称日本海低压；若发生于黄海的低压进入日本海并迅速发展，同时发生于东海的低压朝日本南部沿岸移动，两个低压接近并在北海道以东加深时常可达台风强度，又称之为双低压。因此，冬、春季在日本海航行的渔船应特别警惕此类大风形势，以避免海事发生。

海上大风是沿海常见的气象灾害之一，它会给海上航运、渔业生产、近海养殖和军事活动等带来严重影响或危害，甚至给人民群众的生命带来威胁（吕爱民 等，2018）。

3.2.3　海雾的危害

3.2.3.1　海雾天气简述

在海洋的影响下，生成于海上和海岸区域的雾，称为海雾。海雾是海上一种常见的天气现象（陈梅汀 等，2018）。出现海雾时，海面和海岸区域地面能见度降低。一般把水平能见度小于1 km的雾现象称为雾，能见度在1~10 km的称为轻雾。

船舶在海上航行，常因海雾而受阻和迷失航路，造成搁浅、碰撞等事故，甚至造成海难。海雾也会影响海上和海岸区域飞机的飞行、起飞和降落。尽管现代船舶和飞机大都装备了先进的雷达及其他导航、定位设备，因海雾原因造成的海难和空难事故仍时有发生，有时损失还相当惨重。

海雾是海面低层大气中一种水蒸汽凝结的天气现象。因它能反射各种波长的光，故常呈乳白色。海雾的形成要经过水汽的凝结和凝结成的水滴在低空积聚两个过程。在这两个过程中还要具备两个条件：一是在凝结时，必须有一个凝结核，如盐粒或尘埃等；二是水滴必须悬浮在近海面层中，使水平能见度小于 1 km。

3.2.3.2　海雾的危害

海雾是一种危害性很大的海洋灾害。第一，海雾都因其大大降低能见度而对交通运输、渔业捕捞和养殖、海上油气勘探开发以及军事活动等造成不利影响；第二，雾气会极大地减少日照时间，低温高湿会对农作物生长造成很大危害；第三，雾水中的盐分对建筑物的腐蚀也是不可忽视的。其中，在全部因海洋和气象原因造成的海难事故中，因海上能见度原因造成的船舶海难事故占有相当大的比例。国内有一项统计显示，1950—1987 年的船舶海上航行事故中，因恶劣能见度而造成的海难事故占事故总数的首位。但从对船舶造成的损害讲，在数量上占首位的是台风，占 74%，海雾占 12%，居第二位。

3.2.4　强对流天气的危害

3.2.4.1　强对流天气

强对流是由空气强烈垂直运动所导致的一种天气现象。最典型的就是夏季午后的强对流天气，即人们夏季午后所见的伴有雷电、大风的强降雨天气。

当近地面的空气从地球表面接受到足够的热量，就会膨胀，密度减小。这时大气处于不稳定的状态，近地面较热的空气在浮力作用下上升，并形成一个上升的湿热空气流。当上升到一定高度时，由于气温下降，空气中包含的水汽就会凝结成水滴。当水滴下降时，又被更强烈的上升气流抬升，如此反复不断，小水滴变成大水滴，直至高空气流无力支持其重量，最后下降成雨。因此，在此过程中常伴有冰雹、雷雨、大风等天气现象。

当然，各类强对流天气形成的物理过程是不完全相同的，这与下垫面的动力和热力作用的影响有很大关系，即与天气背景及地形因素有关。强对流天气是以大尺度天气系统为背景，大尺度天气系统影响或决定着中小尺度天气系统的生成、发展和移动过程。例如，龙卷的形成与强雷暴云中强烈的升降气流有关。当升降气流之间形成很强切变时，就会发生强烈的水平轴涡旋，而在地形平坦、不容易破坏天气系统结构的平原或海上，这一系统会继续发展，形成龙卷。

从形成原理可知，我国一年四季都可能发生强对流天气。但实际上，常发于春、夏季。4月前后，冷、暖空气活动比较频繁，冷空气有一定势力，能够越过南岭侵入到华南，同时，南方的暖空气，尤其是从南海来的暖湿气流也开始加强，冷、暖空气势力相当，互相抗衡，互不相让，导致华南地区强对流天气的发生。随着夏季的到来，冷空气势力逐步减弱，很难越过南岭影响到华南地区，而暖空气更加强势，强对流天气频发区域将会位于江南一带。

在全球变暖背景下，由于气候变率增大、气候波动幅度增加，从而也间接导致强对流天气频发。如美国强风暴实验室专家布鲁克斯所说的那样："在过去的几十年间，龙卷风等强风的数量处在增长中，随着全球变暖，将产生更多利于生成龙卷风的天气条件。"

3.2.4.2　强对流天气危害

在人们的印象中，龙卷似乎只存在于灾难片中，或只是大洋彼岸才比较常见。其实，龙卷生成的数量虽然不多，地域性也较强，但在我国并非罕见，长江口三角洲、苏北、鲁西南、豫东的平原和湖沼区，以及雷州半岛等地都是龙卷的易发区。龙卷的"脾气"极为暴烈，风速大约在每小时320 km至337 km。一些气象学家研究发现，龙卷在肆虐时所释放的能量区间值堪比原子弹。在强烈龙卷的袭击下，房子屋顶会像滑翔翼般飞起来，其余部分也会跟着崩解。

雷雨大风其实是雷电、降雨、大风等多种天气现象的综合体，强烈的阵风以及雷电是雷雨大风天气造成危害的主要因素。风力的加强非常突然，人们往往来不及提前防御就已经受到暴风雨的袭击，财产容易遭受损失，甚至生命安全也会受到威胁。

短时强降水是人们最熟悉的强对流天气之一。乌云蔽日、暴雨倾盆，在很短时间内，巨大的降水倾泻而出。由于短时强降水会带来地表径流量的激增，在不同地区会引发各种不同灾害。在城市，短时强降水易造成城市内涝，阻碍交通，甚至危及低洼地带居民的生命。而在地质条件较为脆弱的地区，短时强降水是山洪、泥石流、山体滑坡等灾害的"催化剂"，严重威胁着当地居民的生命财产安全。

相比短时强降水，冰雹的危害影响范围可能较小，但更加直接，有时也更为强烈。虽然冰雹灾害是一个小尺度的灾害事件，但是我国大部分地区都有冰雹灾害，几乎全国各省份或多或少地有冰雹成灾的记录，受灾的县数接近全国县数的一半，而沿海省份发生强对流天气灾害机率可能更高一些。

"个头"不大、突如其来、生命短暂，然而却能在短时间内释放出强大的能量。这一特性使得强对流天气家族中的各个成员——短时强降水、冰雹、龙卷、雷雨大风、雷暴及飑线等，均有极强的破坏力，成为人们不得不防范的灾害性天气。

3.2.5　海洋其他灾害性天气危害

3.2.5.1　海浪

巨浪可引起海上船舶倾覆、折断和触礁，摧毁海上平台，给海上运输和施工、渔业捕捞、海上军事活动等带来很大的灾害（姜志浩 等，2022）。

巨浪可摧毁沿海的堤岸、海塘、码头、海水养殖设施等各类海工建筑物。海浪对沿岸工程设施的破坏往往是毁灭性的，二次巨浪来袭可能会破坏整个港口的设施。据测量，近岸浪对海岸的压力，可达到每平方米 30～50 t。据记载，在一次大风暴中，巨浪曾把1370 t 重的混凝土块移动了10 m，20 t 的重物也被它从4 m 深的海底抛到了岸上。巨浪冲击海岸能激起60～70 m 高的水柱。此外，海浪有时还会携带大量泥沙进入海港、航道，造成淤塞等灾害。

3.2.5.2　海冰

海冰是在海上所见到的由海水冻结而成的冰。海冰对高纬度地区以至极地地区的水文、热力循环、洋流和生态系统都有较大影响。海冰过多时可能会导致海港封港，堵塞航道，挤压船舶等问题，它是海洋主要灾害之一，素有白色杀手之称。

海冰不仅对海洋水文状况、大气环流和气候变化会产生巨大的影响，而且会直接影响人类的社会实践活动。随着人类海上活动的增加，冬季海冰的危害和威胁也日渐增多。舰船和海港等受海冰危害的形式大致有以下几种：

（1）封锁港口、航道；

（2）堵塞舰船海底门；

（3）使锚泊舰船走锚；

（4）挤压损坏舰船；

（5）破坏海洋工程建筑物和各种海上设施；

（6）使渔民休渔；

（7）船舶积冰。

冰山更是航海的大敌，45000 t 的"泰坦尼克"号大型豪华游船，就是在 1912年 4 月 14 日凌晨在北大西洋被冰山撞沉的，使 1500 余人遇难；1969 年 2—3 月间，中国渤海曾发生严重冰封，除了海峡附近外，渤海几乎全被冰覆盖，港口封冻，航道阻塞，海上石油钻井平台被冰推倒，海上航船被冰破坏，万吨级的货轮被冰挟持，随冰漂流达 4 d 之久，海上活动几乎全部停止。

3.2.5.3　赤潮

赤潮是在特定的环境条件下，海水中某些浮游植物、原生动物或细菌暴发性增殖或高度聚集而引起水体变色的一种有害生态现象（陈泽浦 等，2010）。赤潮主要会带来以下灾害：

（1）赤潮对海洋生态平衡的破坏

海洋是一种生物与环境、生物与生物之间相互依存，相互制约的复杂生态系统。系统中的物质循环、能量流动都处于相对稳定、动态平衡的状态。当赤潮发生时由于赤潮生物的异常暴发性增殖，这种平衡遭受到严重干扰和破坏。在植物性赤潮发生初期，由于植物的光合作用，赤潮海域水体中叶绿素 a 含量升高，pH值增大，溶解氧升高，化学耗氧量增大。这种环境因素的改变，致使一些海洋生物不能正常生长、发育、繁殖，导致一些生物逃离甚至死亡，破坏了原有的生态平衡。

（2）赤潮对海洋渔业和水产资源的破坏

赤潮生物的异常暴发性增殖，导致海域生态平衡被打破，海洋浮游植物、浮游动物、底栖生物、游泳生物相互间的食物链关系和相互依存、相互制约关系发生异常或者破裂，这就大大破坏了主要经济渔业种类的饵料基础，破坏了海洋生物食物链的正常循环，造成鱼、虾、蟹、贝类索饵场丧失，渔业产量锐减；赤潮生物的异常暴发性繁殖，可引起鱼、虾、贝等经济生物瓣鳃机械堵塞，造成这些生物窒息而死；赤潮后期，赤潮生物大量死亡，在细菌分解作用下，可造成区域性海洋环境严重缺氧或者产生硫化氢等有害化学物质，使海洋生物缺氧或中毒死亡；另外，有些赤潮生物的体内或代谢产物中含有生物毒素，能直接毒死鱼、虾、贝类等生物。

（3）赤潮对人类健康的危害

有些赤潮生物还能分泌一些可以在贝类体内积累的毒素，统称贝毒，其含量往往有可能超过食用时人体可承受的水平。这些贝类如果不慎被食用，就会引起人体中毒，严重时可导致死亡。目前确定有 10 余种贝毒的毒素比眼镜蛇毒素高 80倍，比一般的麻醉剂，如普鲁卡因、可卡因还强 10 万多倍。

3.2.5.4　海岸侵蚀

海岸侵蚀是指在自然力包括风、浪、流、潮的作用下，海洋泥沙支出大于输入，沉积物净损失的过程，即海水动力的冲击造成海岸线的后退和海滩的下蚀。海岸侵蚀现象普遍存在，中国 70% 左右的砂质海岸线以及几乎所有开阔的淤泥质岸线均存在海岸侵蚀现象。海岸侵蚀主要会带来以下灾害：

（1）海滩吞蚀，岸线后退

海滩具有与海平面维持特定平衡剖面的属性。若海岸侵蚀或海面上升，从海滩上部侵蚀的物质便堆积其近滨的底部与波浪临界深度之间的地带，随着物质向海搬运，海滩上部便向陆地方向移动。依有关报道，在进流与退流交换的 1 min 时间内，海滩物质可产生 10 cm 的水平移位。

（2）海水倒灌

目前，我国沿海平原及其他局部地区，海水倒灌灾害甚为突出。其原因尽管与过量开采地下水有直接关系，但与海进浸渍而成的地下咸水量增加也是不无关系的。

（3）淹没沿海低洼地

对多数自然海岸而言，首当其冲的是海水吞没高出现今海平面的广大沿海低地，加剧沿海低地土壤次生盐渍化程度。

3.2.5.5　咸潮

咸潮，又称"盐水入侵"，是一种天然水文现象。它是由太阳和月球（主要是月球）对地表海水的吸引力引起的。海水有涨潮、落潮现象，这称为潮汐。在涨潮时，海水会沿河道自河口向上游上溯，致使海水倒灌入河，江河水变咸，这就是咸潮（林炜杰 等，2022）。咸潮侵入一般在当年 12 月至次年 4 月前后。

咸潮带来的海水倒灌会直接影响地下淡水资源水质情况。海水入侵后，沿海地区居民生活用水将受到影响、工业生产以至农业灌溉都会因水中的盐度升高而带来不利影响。例如：工业生产使用含盐分多的水会损害机器设备，农业生产上，使用咸水灌溉农田，会导致农作物枯萎甚至死亡。

第4章　中国海洋气象能力建设现状

海洋是潜力巨大的资源宝库，合理开发利用海洋资源是我国经济社会可持续发展的重大战略。海洋气象能力建设是服务我国海洋强国发展战略的基本需求，是发展海洋经济和保障沿海人民生命财产安全的重大举措，是应对气候变化和海洋生态环境的重要科技支撑。经过几十年的建设，我国已初步建立了海洋气象业务体系，为保障海洋经济产业发展、安全生产和人民生命财产安全做出了巨大贡献。

4.1　海洋气象能力建设概述

4.1.1　海洋气象观测演进

我国海洋气象观测始于新中国成立初期。1951 年，我国开始在华东、华南沿海建设海洋渔业气象台站，相继建成了长乐、深圳、汕头、汕尾、嵊泗、舟山、定海、阳江等一批早期沿海和岛屿气象观测台站。1954 年 11 月，中央气象局商请农林部水产总局所属的机轮渔船进行定时海上气象观测，并用无线电报将气象情报及时传往天津、青岛、上海、广州气象台供预报使用。1958 年 4 月，中央气象局正式成立海洋水文处，专门负责海洋气象观测和预报工作。到 1959 年年底，全国已建成海洋水文气象台站 109 个，其中海洋水文气象台 10 个，海洋水文气象站 99 个，有 140 余艘船舰开展了海洋水文气象观测。20 世纪 80 年代后期，沿海测报站网有了较大发展，建立了秀屿、岚山头、大窑湾、辽东湾平台 4 个海洋气象站和珊瑚岛、东台平台 2 个自动气象站以及 25 个海岛自动测风站。

1965 年以后，先后在沿海建立了西沙、陵水、港口、汕头、晋江、长乐、洞头、南汇、石岛 9 部 "843" 型雷达组成的测台（风）雷达警戒线。1985 年以后，逐步完善了沿海雷达警戒网。进入 21 世纪，先后全部更换为新一代数字化天气雷达。

2007 年 7 月，首个海洋气象浮标观测站——青岛奥帆赛场小型气象水文浮标站建成，并成功用于 2007 年青岛国际帆船赛气象保障服务，实现了我国地基气象观测从陆地向海洋的拓展。到2015年，全国海洋气象观测有290个海岛自动气象站、200个强风观测站、39个船舶自动气象站、25个锚定浮标气象站、25部天气雷达、10个探空站、17部风廓线雷达、68个全球导航卫星系统气象观测（GNSS/MET）站、30个雷电监测站、1部地波雷达、2个风暴潮站。我国共有164个浮标在海上正常工作（含其他部门和科研机构的浮标）。

4.1.2　海洋气象预报预测演进

我国海洋气象预报最初是专门针对海洋渔业、海上石油平台、港口、近海航线预报等专项预报服务而逐渐发展起来的，目前主要以海洋气象专业模式为基础，综合多种观测资料开展我国近岸、近海和远海气象预报，制作和发布影响我国近海的海洋灾害天气预警产品。

在新中国成立初期，我国就开展了海洋气象预报工作。1952年年底，全国建立了上海、广州、天津、大连、青岛5个海洋气象台以及温州、汕头、湛江、海口4个沿海港口气象台。1955年我国建立了烟台、厦门、舟山、北海等海洋气象台。1975在中央气象台增设以三大洋为重点的国际天气预报业务；在上海、广州、浙江、福建、江苏、山东、天津、辽宁、广西等省（区、市）气象台和全国沿海重点地区（市）气象台增设海洋气象预报业务，从此我国海洋气象台公开发布48 h海洋气象预报、警报。

20世纪80年代，我国海洋气象预报则被划分为专业气象预报范畴，海洋气象预报业务得到了较快的发展。80年代后期，我国海洋预报责任海区由近海扩展到西北太平洋及印度洋，并专门成立了以国家气象中心（中央气象台）为中心，上海、广州、大连为分中心的海洋气象预报、预警业务体系，同时，中央气象台联合沿海5个海洋气象台开展全球海洋气象导航业务。

20世纪90年代，我国海洋气象预报形成了以台风为主的基础海洋气象预报业务和以近海海洋气象预报、远洋气象导航为主的专业化海洋气象预报服务业务，海洋气象预报业务进一步向专业化方向发展。

进入21世纪，到2004年，已先后在沿海各省份和秦皇岛、连云港、南通、舟山、汕头、湛江等地建立了9个省级和31个地（市）海洋气象台。2005年中国气象局组建了国家级海洋气象预报专业队伍，建立了专业化海洋气象预报业务。2007年，为进一步加强海上灾害性天气的预报、预警能力，中国气象局在国家气象中心组建了"台风与海洋气象预报中心"，逐步形成了较强的海洋气象服务能力。仅2015年，中央气象台就发布《海洋天气公报》1095期，其中包括发布《海上大风预报》395 期，《海上大风黄色预警》32 期、《海上大风橙色预警》4 期；发布《近海海区预报》1095 期。我国沿海省（区、市）气象台也相继成立了专业化海洋气象台，并围绕本地海洋气象预报需求开展海洋气象预报业务。

大洋环流、中尺度涡旋、厄尔尼诺现象等，往往都是气候长期预测所关注的内容。海洋蒸发是大气中水汽的主要来源，也是大气环流的重要驱动力；海洋与大气的热量交换，是地球气候系统能量流最重要的部分之一，可以调控气候的长期变化。我国的海洋气候预测业务，最早开始于 1998 年。在 1997 年极强厄尔尼诺事件爆发之后，引起了我国长江中下游的洪水灾害。由此，大家认识到海洋气候预测的重要性。

经过 20 多年的发展，我国海洋气候预测技术方法已相对成熟，预测准确率明显提升。特别在厄尔尼诺和拉尼娜事件的预测方面，我国动力预测系统和多模式集合预测系统的技巧，和国际主流预测模式水平相当。但是海洋气候预测是个复杂的问题，我国未来需要继续开展创新性的科学研究工作，不断提高对海洋气候的认识，发展更先进的监测预测技术方法，为公众提供更好的海洋气候预测产品和服务。

4.1.3　海洋气象服务演进

我国海洋气象服务工作开展较早。自 20 世纪 50 年代起，海洋渔业捕捞气象服务就是沿海各级气象部门的一项重要任务。1954 年 3 月根据《政务院关于加强灾害性天气预报、警报和预防工作的指示》精神，中央气象台和沿海省（区、市）气象台就发布了海上大风天气预报。1955 年根据国务院文件精神，各级气象部门不断加强台风预报警报服务工作。

改革开放以后，1982 年，天津、广东、上海相继成立了海洋石油气象服务实体或相关机构，沿海有些主要港口气象台也开展了这一专业气象服务。国家气象中心和上海、天津、广东等省、市气象台顺利完成了"勘探一号""勘探二号"等大型平台的拖航、定位和作业的现场气象保障服务。1983 年开始，广东、上海、天津等气象服务实体为日本、法国、美国和英国等十多家外国公司提供了气象服务。1986 年 2 月组建了上海海洋气象传真广播，替代了通过海岸电台莫尔斯广播，航行在中国责任海区的中外船舶都能及时接收海洋天气预报、警报和加工指导产品。1988 年国际海事组织（International Maritime Organization，IMO）对1974 年的《海上生命安全公约》（International Convention for Safety of Life at Sea，SOLAS）作了修改，引进了"全球海上遇险安全系统"（Global Maritime Distress and Safety System，GMDSS）。从 1988 年起，中央气象台海洋气象导航中心和大连、上海、天津、广州、青岛分中心相继建立，正式开展了海洋气象导航服务。1990 年中央气象台海洋气象导航中心与中国远洋运输总公司联合开展三大洋气象导航船岸通信联络试验取得成功，使服务领域扩大到全球海域。开展海洋气象导航服务，结束了我国没有自己远洋导航的历史。2007 年，中国气象局台风和海洋气象预报中心的国家级海洋气象预报警报业务服务系统的建立运行，以及大连、上海、广东三个区域海洋预报中心的建立，标志着中国海洋气象服务体系的进一步成熟和完善。

经过改革开放后近 40 年的发展，我国海洋气象服务从最初单一为渔业捕捞作业提供海上大风、台风预报预警服务，逐步发展到中尺度海洋天气预报服务，海雾、海上对流风暴等海洋气象灾害预报警报服务。服务领域从我国海域渔业捕捞不断向海洋航运、远洋捕捞，海上石油、天然气资源和风能资源开发、滩涂养殖、旅游、海上事故救援等领域发展。

4.1.4　海洋气象科学研究

为深入研究海洋气象规律，提高海洋气象预报准确率，从 20 世纪 80 年代我国先后组织开展了海洋气象科学问题研究。这些研究专题包括：

（1）台风科学试验。自 20 世纪 80 年代以来，针对台风业务和研究进行了一系列的国际合作行动。第一个行动是开展了台风业务试验计划（TOPEX），1981 年进行预试验，1982—1983 年进行正式试验。1990 年组织了一次代号为 "SPEC-TRUM-90" 的台风特别试验计划，对台风打转、摆动、双台风作用、非对称结构对移动的影响等都做了深入研究，取得丰硕成果并进行了业务应用推广。1993—1994 年我国组织开展代号为 "CLATEX"（China Landfalling Typhoon Experiment）的近海台风外场科学试验，对台风三维结构、中小尺度系统和地形对台风结构的影响等方面进行了广泛而细致的研究。

中国登陆台风科学试验（CLATEX）：该项目属科技部社会公益研究专项 "中国登陆台风边界层观测试验"。2002 年 7—8 月，对 3 个强热带风暴进行了外场观测试验，首次获取了登陆台风边界层综合观测资料及雷达、地面综合分析数据，填补了登陆台风边界层数据库的空白；首次采用现场观测试验对登陆台风成灾过程的边界层动力学特征进行了初步探讨；首次采用 TRMM 卫星、TBB 等高分辨率资料以及试验区多普勒雷达、风廓线仪、常规探测资料综合分析登陆台风的结构，并在预报模式同化技术、诊断分析及其预报业务系统技术等方面取得进展；提供了目标台风同化格点产品；开展了热带气旋登陆路径集合预报试验，为登陆台风预报业务系统的发展提供了新的综合技术方法。

台风登陆过程外场科学试验：分别在华南和华东试验区先后对 2009 年 3 个登陆台风实施了固定和移动探测，开展了登陆台风的云系立体探测和大气边界层结构特种探测，获得了大量珍贵的实测资料。

（2）南海季风试验：由中国气象局、中国科学院联合主持的南海季风试验（The South China Sea Monsoon Experiment，SCSMEX）是大气与海洋的联合试验，外场观测期为 1998 年 5 月 1 日—8 月 31 日，获得了南海季风暴发前后及东亚季风北推时期的大量信息与资料，为研究南海季风与东亚季风的活动及其与海洋的相互作用提供了宝贵的资料，并被广泛用于东亚季风研究。

亚洲季风年科学试验：在 2008—2009 年开展对亚洲季风海-陆-气相互作用的综合观测，并在此基础上于随后五年开展数值模式参数化改进、亚洲季风区海洋和大气资料同化分析及季节—年际尺度气候异常的可预报性研究，为提高对季风的认识及预测水平及防灾减灾服务。

（3）暴雨科学试验研究。一是台风、暴雨灾害性天气监测、预报技术研究：1991 年 10 月，国家科委正式批准台风、暴雨灾害性天气监测、预报技术研究项目列入"八五"国家科技攻关计划。在现场试验、计算机模拟和分析归纳上取得了新的认识和进展；建立了台风、暴雨灾害评价系统和资料库、对策方案及快速便捷的现代化预警、预报服务手段。二是海峡两岸及邻近地区暴雨科学试验：1998 年 5—6 月，中国气象局主持实施了海峡两岸及邻近地区暴雨科学试验，在粤、港、澳及闽南地区进行了 2 个月的暴雨综合观测试验，开展了实时同步综合观测，并建立了相应的暴雨模型；分析了华南暴雨 β 中尺度热力和动力结构，建立了华南暴雨物理模型；发展了在中尺度模式中自适应网格、三维变分同化技术的应用研究；建立了高分辨率的华南区域中尺度暴雨数值预报模式。

（4）西北太平洋海洋环流与气候试验研究。作为我国发起的第一个海洋领域大型国际合作计划——"西北太平洋海洋环流与气候实验"（Northwest Pacific Ocean Circulation and Climate Experiment，NPOCE）国际合作计划（简称 NPOCE 国际计划），于 2010 年启动。共有中国、美国、日本、澳大利亚、韩国、德国等 8 个国家的 19 个研究院所参与。它围绕西北太平洋西边界流及其与邻近环流系统的相互作用和在暖池维持和变异中的作用，以及区域海气相互作用及其气候效应等主题开展研究。到 2018 年，NPOCE 国际计划研究团队完成了西太平洋深海潜标科学观测网的建设，共布放潜标 30 余套，已具备了潜标数据实时传输能力。发现并命名了北赤道逆流下的北赤道次表层逆流，揭示了菲律宾以东太平洋海域 3 支潜流的季节内变化和机制等。

4.2　海洋气象观测能力现状

4.2.1　海基气象观测能力

海基气象观测是指依托海岛、海上平台、船舶及浮标等平台设施安装各类气象观测系统所开展的各种气象观测，主要包括海岛和平台自动气象站、海洋气象浮标站、船载自动气象站、海上 GNSS/MET 站等（国家气象信息中心，2017）。截至 2020 年，气象部门已经建设并纳入业务运行 373 个海岛（海上平台）自动气象站、175 个沿海自动气象站、46 个塔台自动气象站、43 个海上石油平台自动气象站、200 个强风观测站、52 个船载自动气象站、40 个锚系浮标气象站、235 个全球卫星导航定位水汽观测（GNSS/MET）站，通过海洋气象综合保障一期工程更新改造 239 个海基自动气象站（国家发展和改革委员会等，2016）。气象部门已经建设的沿海气象站平均站间距约为 103 km，海岛自动气象站数量仅占我国现有岛屿数量的 5.7%，近海海上大风和海雾无法有效监测，难以有效对海洋气象灾害进行监测预警，远不能满足海洋气象预报和服务的需求，提供气象服务的海洋表面气象观测站点严重不足，锚系浮标等观测站点稀疏，间隔距离大，存在大片监测空白，远海海洋气象观测几乎完全空白，涉海气象观测数据种类少、数量少，无法为远海海洋气象预报和服务提供所需观测资料支撑。

4.2.2　岸基气象观测能力

岸基气象观测主要由地基遥感大气垂直探测系统、地波雷达、雷电监测站、天气雷达等组成。我国沿海 12 个省、市已建成风廓线雷达 62 部、96 个雷电监测站、78 个天气雷达站，但存在岸基气象观测要素单一，只能进行风的垂直廓线观测，对于温度、湿度和水凝物垂直观测方面只能依靠每天 2 次的国家业务探空站。

4.2.3　空基气象观测能力

空基气象观测主要由飞机综合探测系统和自动探空站进行。我国长期以来建立了以常规探空为主的大陆区域高空业务观测网络，但探空站网稀疏，观测范围仅限于沿海和近海，时空分辨率不足，自动探空站难以实现对于南海关键区域的站网加密。渤海、黄海、东海、南海、日本海海域的沿海探空站间距较大，对洋面气候垂直观测能力有限（且季节性空白明显），存有海洋气候敏感地区垂直观测资料空白区，现有探空站网的年探空仪观测覆盖范围以及一天间隔 12 h 的 2 次观测难以满足海洋数值预报、海洋气候监测的需要。

4.2.4　天基气象观测能力

天基气象观测是指利用卫星遥感仪器大范围定期获取气象信息的综合观测系统，是海洋气象业务的重要数据来源。我国的气象卫星事业发展迅速，从 1988 年第一颗"风云一号"气象卫星发射成功到 2023 年，已成功发射了 4 颗"风云一号"、7 颗"风云三号"极轨卫星，8 颗"风云二号"、2 颗"风云四号"静止气象卫星。实现了全球全天候定量遥感，可以对大气进行立体观测，具有全球 250 m 分辨率地表环境监测能力，可对台风等灾害性天气进行微波探测。"风云"系列气象卫星除了观测资料以外还提供多种图像产品，以及风、海面温度、降水估计、云分类、热带气旋卫星定位、沙尘暴、海上气溶胶、海洋水色、海冰和海雾等 20 多种海洋监测数据产品。除了气象卫星的快速发展外，我国还积极发展海洋卫星，2002 和 2011 年分别发射了"海洋一号"（HY-1，海洋水色环境）和"海洋二号"（HY-2，海洋动力环境），前者海洋水色环境系列用于获取我国近海和全球海洋水色、水温及海岸带动态变化信息，遥感载荷为海洋水色扫描仪和海岸带成像仪；后者为海洋动力环境系列，用于全天时、全天候获取我国近海和全球范围的海面风场、海面高度、有效波高与海面温度等海洋动力环境信息，遥感载荷包括微波散射计、雷达高度计和微波辐射计等。预计未来的海洋卫星（海洋三号，HY-3）系列将用于全天时、全天候监视海岛、海岸带、海上目标，并获取海浪场、风暴潮漫滩、内波、海冰和溢油等信息，遥感载荷为多极化多模式合成孔径雷达。

到 2020 年，海洋气象观测装备研发、数据质量控制与校验等多项关键技术取得突破，覆盖重点区域和海域的海洋气象综合保障能力逐步完善，已经初步建立了以沿岸海域为主的海洋气象观测网，以及覆盖我国近、远海的极轨、静止气象卫星遥感监测业务，形成了较为完备的海洋气象观测体系和相应的配套保障体系。

4.3　海洋气象预报预测能力现状

4.3.1　海洋气象监测分析与预报预警能力

我国已初步建立起国家、区域（天津、上海和广州）、省、地四级，集监测、分析、预报、预警、服务为一体的较完整的海洋气象预报预警业务体系。初步建成海洋气象业务平台，预报范围涵盖了我国 18 个近海海域预报责任区和全球海上遇险安全系统（GMDSS）公海责任区的Ⅺ-印度洋区，制作和发布西北太平洋和南海台风 120 h 路径和强度预报、中国近海 72 h 的海洋天气预报和海上大风预警及海雾预报、世界气象组织责任海区海事天气公报、Ⅺ-责任海区 25 km 分辨率和近海及沿岸 5~10 km 的 72 h 风、浪、天气现象和能见度等海洋气象要素精细化预报产品。开展了西北太平洋和南海台风不同象限风圈半径分析业务、台风大风破坏力预评估和动态评估业务、南海热带低压生成潜势预报业务试验、全球其他海域台风监测业务和海洋气象 4~7 d 中期预报业务。

初步建立了基于 MICAPS 或 CIMISS 的国家级和省级海洋气象实时监测预报业务平台（黄彬 等，2017），如国家级 MICAPS 台风版和 MICAPS 海洋版、广东省气象局的精细化海洋气象预报业务系统（SAFE-GUARD）、上海气象局的责任海区海洋气象精细化预报预警制作系统等，为海洋气象监测预报预警服务的开展提供了重要的平台支撑，实现了海洋气象精细化产品的加工制作与分发功能。

4.3.2　海洋气象数值预报能力

作为海洋气象核心技术支撑的海洋气象数值预报模式，是做好海洋气象业务预报预警的基础。目前，我国已初步建立了基于 GRAPES 的海洋气象专业数值预报模式体系框架，包括全球和区域海面风场及台风数值预报模式体系、中国近海海雾数值预报模式、黄渤海海雾数值预报模式、全球海浪预报模式、西北太平洋区域海浪模式、黄渤海精细化风浪数值预报模式、黄海和东海风暴潮数值模式等，形成了 0~15 d "无缝隙" 海洋气象预报预警的全方位技术支撑保障（黄彬 等，2014）。2018 年 6 月，我国自主发展的 GRAPES 全球数值预报四维变分同化系统实现业务化，但我国全球模式台风海洋数值预报系统的业务预报能力以及高分辨率区域台风海洋预报系统的预报能力仍然与国际先进水平存在较大差距。此外，国际上大部分全球模式（ECMWF 和 CMC 除外）同化分析都专门针对台风进行了BOGUS 资料的同化处理，以提升模式分析场中台风环流的描述（表 4.1）。目前，区域台风数值模式得到一定的发展，我国投入业务应用的区域台风模式主要包括：上海的 GRAPES-TCM 及基于 MM5（目前正在升级为 WRF）和 BDA 技术的东海区域台风模式（SHTM），广东的 GRAPES-Meso 南海区域台风模式以及辽宁的黄渤海区域台风模式等。

表 4.1　现有全球台风数值预报模式系统主要技术参数

	CMA （中国）	ECMWF （欧洲）	JMA （日本）	NCEP （美国）	Met. Office （英国）	CMC （加拿大）
水平 分辨率	25 km	9 km	20 km	13 km, 34 km	17 km	25 km
同化系统	3DVAR	4DVAR	4DVAR	4DVAR （Hybrid EnKF）	4DVAR	4DVAR
台风涡旋	人造涡旋 涡旋重定位 强度调整	无	BOGUS 资料同化	BOGUS 资料同化	BOGUS 资料同化	无
海气耦合	无	—	实现	实现	—	—
海洋卫星 资料同化	少量	有	有	有	有	—
集合预报	有（T639）	有	有	有	有	有

4.3.3　海洋气候监测预测能力

在海洋气候监测预测方面，我国已初步建立了 ENSO 监测预测业务系统，初步开展了全球海洋海表温度监测及主要海温异常模态预测和 ENSO 监测预测模式解释应用及极地海冰状况监测、极地主要地区海冰状况监测，发展了 ENSO 指数多模式预测和极地海冰预测业务；开展了西北太平洋台风生成个数和登陆个数趋势统计预测和单模式动力预测。现有气候与气候变化监测预测系统（CIPAS2.0）实现了对 FODAS、MODES、CEMMS 和 ENSO 监测预测系统的整合集成，能够满足国家级和省级对陆地常规气候监测预测的基本需求。初步建立了 ENSO 及全球主要海温模态监测预测和西北太平洋台风强度和生成数相关预测业务，开发了海洋气候模式、海洋资料同化和集合预报相关预测产品，具备了面向中国近海和西北太平洋的气候监测预测业务能力。

在沿海海洋中心城市及省级海洋气象监测预报预测业务方面，目前沿海各省、区、市均已初步建立了相应责任海区和行政区划沿岸的海洋气象监测预报预测业务体系，该体系以国家级海洋气象业务指导产品和海洋气象数值预报模式为基础，通过上下互动反馈的集约化业务流程，制作发布海洋气象监测预报预测产品；各省、区、市已初步建立了适应本地的、具有地域特色的海洋气象业务平台，省、市、县集约化的海洋气象预报业务格局初步形成。特别是近年来，随着我国近海海洋监测手段和能力的大幅提高，省级海洋气象预报预测业务内涵不断丰富，部分省、市还先后建立了网格化的海洋气象业务，海洋气象预报预测产品针对性和时效性不断提高，海洋气象服务对沿海省（区、市）海洋经济的贡献度也越来越重要。

国家气候中心已经初步建立气候海洋模式，针对中国气候的模式预测方法也在应用之中，但是，面对客观化的海洋气候预测业务需求还存在很大差距。针对海洋气候模式还需要进一步完善海洋模式，提高模式模拟能力，开发面对海洋气候的预测方法，建立业务化的流程。

4.4 海洋气象服务能力现状

4.4.1 海洋气象服务产品提供能力

海洋气象服务是海洋生产和海上安全的必不可少的重要保障。海上捕捞、海洋航运、护航巡航、港口引航、资源开发和抢险救援等生产活动，在很大程度上依赖于气象条件；台风、气旋大风、海雾等天气对海洋生产和海上安全造成很大影响；沿海和海岛城镇、乡村常常受到海洋气象灾害的袭击和破坏，给国家和人民群众的生命财产造成严重损失。随着国家的重视和气象基本业务的发展，海洋气象服务得到不断加强。

根据《全国海洋气象服务业务规范（试行）》（气减函〔2011〕131 号），我国海洋气象服务分为国家、区域中心、省、地（市）、县共五级。其中，国家级为中国气象局台风和海洋气象预报中心，区域中心级业务单位为上海海洋中心气象台、广州海洋中心气象台、天津海洋中心气象台。

根据《海洋气象发展规划（2016—2025 年）》，我国面向防灾减灾和经济建设、国家安全等需求，建立较为完善的海洋气象公共服务系统，逐步形成信息发布手段多样、灾害应急联动高效、社会广泛参与的海洋气象灾害防御体系和产品丰富、内容精细、服务多元的海洋气象专业服务体系。海洋气象灾害防御体系包括海洋气象信息发布和海洋气象灾害风险管理；海洋专业气象服务体系包括海洋气象专业服务业务和海洋气候资源开发利用服务业务。

目前，气象部门依托现有的公共气象服务体系，初步建立了国家级海洋气象信息发布网站，组成我国海洋气象广播网，通过实时播报中国海域的短期天气预报和警报，为近海海域、海上作业船只和滩涂养殖用户提供实时海洋气象信息。

沿海地区结合实际利用广播电台、海事电台等发布海洋气象信息（表4.2），部分地区依托我国北斗导航系统试验性开展了北斗终端预警信息发布。近五年以来，北斗卫星技术在海洋信息发布，尤其是面向渔业船只的信息发布取得了长足进步。

表4.2　近年我国海洋常态化气象服务产品

产品名称	预报内容	发布时效
海事天气公报	（1）必须发报的内容：风速≥7级大风区的范围或地理位置。说明造成大风的热带气旋或温带气旋中心强度（最低气压、风力）、位置、移向、移速；较强冷锋、暖锋和静止锋的位置；能见度＜10 km的区域；浪高＞2 m的区域，在热带风暴、温带气旋活动区中加发最大浪高 （2）选择发报的内容：当责任海区内无风速≥7级大风出现，或者海区内已经出现有代表性的天气系统和天气现象，则需要从以下内容中选择部分内容发报：较弱冷锋、暖锋和静止锋的位置以及海区内有影响的天气现象等	每日4次，每日06：15、11：30、18：15、23：30（北京时）
海洋气象公报	以中文形式描述中国近海海区的天气实况和预报，具体包括《海洋天气公报》《海上大风预报》《海雾预报》和《海上大风预警》	每日06、10、18时（北京时）
台风公报	包括热带气旋中心位置、路径、强度的实况信息，路径、强度和移向移速的预报信息和24 h时效的风雨影响预报；登陆消息主要包括热带气旋的登陆信息以及未来预报趋势。根据台风预警发布条件适时发布台风蓝色预警、台风黄色预警、台风橙色预警、台风红色预警具体包括《台风公报》《台风预警》	每日06、10、18时（北京时）
热带气旋公报	热带气旋中心位置、路径、强度的实况信息，路径、强度和移向移速的预报信息，对于一些强度特别强、影响特别大的气旋。具体包括《全球热带气旋监测公报》《北印度洋热带气旋公报》	对热带气旋命名开始时。每日10、18时提供（北京时）
海洋气象要素格点化预报业务	风场、天气现象、浪高和能见度4个要素的格点场，主观订正预报，生成海区预报、海事天气公报等预报产品	每日06、10、18时（北京时）
海区预报	对中国近海、远海、沿岸海区分别就天气现象、风向、风力、浪高以及能见度分别做0～12 h、12～24 h、12～36 h、36～48 h、48～60 h、60～72 h预报	每日06、10、18时（北京时）

续表

产品名称	预报内容	发布时效
北大洋分析与预报	分析 0°—60°N、100°E—120°W 范围内，0—48 h 海平面气压场图、500 hPa 高度场图的实况和预报	每日 11：30（北京时）
专业海洋气象预报	全球海洋气象导航业务，并提供各大洋天气要素风场、涌、浪的 120 h 内的预报。具体产品包括：船舶海洋气象导航、船舶监视、航线分析、海区预报、事故分析	—
海洋气象保障服务	重大活动、重大节假日期间海洋气象预报产品	—

注：数据来源于国家气象中心预报服务产品手册（2022 年）。

近年来，气象部门逐步开展了钓鱼岛及周边海域、西沙永兴岛、中沙黄岩岛和南沙永暑礁等重点岛礁、海域的天气预报服务，既是维护国家主权之举，也为中国海监对我国管辖海域的维权巡航提供保障服务，在历次实际保障服务工作中，越发感受到亟需建设海洋专业气象服务的迫切需求。以海洋导航为例，船舶气象导航服务需要船舶在运营过程中持续向气象导航公司提供船舶动态、货运信息等重要技术、商业等信息，该类业务基本被日、美公司垄断，一方面导致国家商业、贸易和技术信息大量外泄，事关国家经济安全；另一方面也使敏感物资运输、海上活动、应急行动等缺乏高科技成果的指导。

开展了海上气象灾害风险区划和评估工作。截至 2021 年，国家海洋局在全部 11905 个海岛（礁），拥有监测点 477 个，先后开展了海洋功能区划，编制了海冰、风暴潮、海浪、海平面上升、海啸灾害风险评估和区划技术导则，正在进行海域灾害风险评估和区划试点。但对于海上大风（台风、寒潮和强对流）、浓雾等气象灾害风险区划和评估尚属空白。目前，我国海上气象灾害评估和风险评估工作基本处于起步阶段，远不能满足近海经济发展、海上丝绸之路开拓和海上国土资源保护的需求。

探索建立海洋气候资源开发利用服务。2006 年年底，我国第一个海上风电场项目——上海东大桥风电场项目招标完成，我国正式步入海上风电建设试验和探索阶段。近海风电场的开发迫切需要准确评估近海风能资源的开发潜力。采用数值模拟方法对风能资源进行评估可以获得模拟区域内所有空间立体网格点上的风能参数，可以全面地评估风能资源。

4.4.2　海洋气象信息发布能力

（1）海洋气象信息传真发布。上海海洋中心气象台联合上海海岸电台已建成符合国际标准规范的覆盖西北太平洋和中国近海的气象传真图产品制作、发布和通讯传输系统并实现业务试运行，建设内容包括信息源推送系统、信息调制与控制系统、信息播发系统，如图4.1所示。

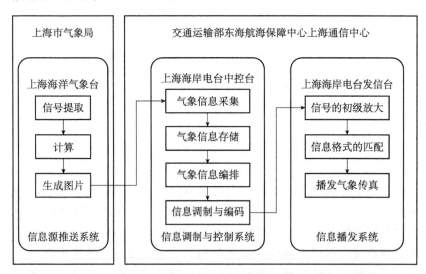

图 4.1　上海气象传真业务流程图

（资料来源：《海洋气象综合保障二期工程可行性研究报告（第四册）》海洋气象公共服务系统）

上海海洋中心气象台依托海洋工程一期项目，负责建设信息源推送系统，由海洋气象传真数据采集、海洋气象传真图制作、海洋气象传真图推送等业务模块组成，进行海洋气象传真图的产品制作和推送；上海海岸电台负责建设海岸电台中控台信息调制与控制系统、发信台设置信息播发系统，提供海洋气象传真图的播发。2018 年底上海海岸电台气象传真实现业务运行。

天津海洋中心气象台作为北方区域中心，负责全球海上遇险安全系统国际海事责任海区渤海、渤海海峡、黄海北部和黄海中部海洋气象预报预警信息发布，针对本区域的海上平台级重大工程建设项目、近海航线以及渔业生产开展公益和专业气象服务。与天津海岸电台开展了广泛的业务合作，由天津海洋中心气象台提供责任海区海洋气象预报预警产品，天津海岸电台对外发布。通过与上海海岸电台形成互补，实现沿我国海岸线 1000 海里范围内海域的气象传真图播发覆盖。一方面可增加传真图播发数量，每日至少可播发 60 张图，每张图播发时间为20 min。另一方面可扩大播发范围，天津海岸电台传真广播可覆盖整个日本海区域以及北太平洋通往北冰洋的北极东北航道。

南海海洋气象预报中心与交通运输部南海航海保障中心广州海岸电台联合启动南海海上无线电气象传真服务，并于 2022 年 3 月 23 日 10 时起正式对外播发，我国自主制作的无线电气象传真覆盖南海海域。该项服务填补了我国南海海区海上无线电气象传真业务的空白。南海海上无线电气象传真业务以图像形式展现，具有信息丰富、动态直观、预报时效长、范围广等特点，能够更好地了解海洋环境及其变化，实现对气象灾害早预警、早发现、早行动。该项业务播发 19 种主要产品，全天候分 40 个时段轮播。其中，无线电每天播发 11 种气象产品，涵盖地面实况分析、降水预报、海浪预报、台风预报等；网络发布每天推送 8 种气象产品，涵盖红外云图、卫星云图等。南海海上无线电气象传真业务实现了我国周边海域、重要航区海上气象图自主制作和播发，对保障周边水域船舶的航行安全、维护国家海洋权益、增强国际履约能力等具有重要意义*。

（2）海洋气象广播电台。中国气象局已经在山东石岛、浙江舟山、广东茂名和海南三沙设立了海洋气象信息初级广播发布站，组成我国海洋气象广播网，通过实时播报中国海域的短期天气预报和警报，为近海海域海上作业船只和滩涂养殖用户提供实时海洋气象信息。近五年以来，北斗卫星技术在海洋信息发布，尤其是面向渔业船只的信息发布方面也取得了长足进步。

山东省石岛海洋气象广播电台于 2009 年 4 月 3 日正式开播，成为国家级大功率海洋气象短波广播电台。电台由岸基信息发布控制中心和船载短波接收机两部分组成。电台于每天 08：00、11：00、17：00、20：00 四个固定时次播报中央气象台发布的海洋公报、山东省气象台和山东沿海地市发布的沿海海区天气预报，播报海事部门发布的搜救信息等，部分预报内容翻译为英文播报；每次播报时间约 20 min，如有台风等重大灾害性天气，将不定时加密播报。2014 年 10 月石岛海洋气象广播电台被纳入山东省政府海上安全生产组织体系，打造海上预警无缝覆盖的"平安海区"。

浙江舟山海洋气象广播电台位于舟山市普陀山，面向黄海南部和东海作业的渔船和其他作业单位进行海洋气象信息广播，是全国最早开展为海上作业渔船及其他船只提供气象保障的专业电台，有效收听距离可达 500 km 以上。

广东茂名海洋气象广播电台具备多语种海洋广播信息发布能力，建成了数字化短波通信能力和 100 套数字化气象接收终端，实现了海洋气象信息以文本和海图数据的方式进行广播发布，有效提升现有短波通信系统的综合效能，能够为海上用户，如海监、渔业、海上航运等用户提供多种增值服务，降低各领域用户在海上的通信成本，提升短波通信在渔业、海洋交通航运等军民领域实用价值。

海南三沙海洋气象广播电台于 2014 年 7 月 30 日开播。发射终端建在西沙永兴岛，由海南省气象局主办、三沙市气象局承办，主要为南海海上作业、海洋运输、

---

* 第九届全国台风及海洋气象专家工作组会议资料——专家小组工作报告。

海洋渔业以及近海、滩涂养殖等提供气象服务，实行普通话、海南话和英语三语广播。

（3）北斗预警信息发布。北斗气象预警信息发布系统是中国气象局依托"基于北斗导航卫星的大气海洋和空间监测预警应用示范工程"建设的新型预警信息发布系统，它通过北斗卫星，以广播的方式发布预警信息，发布范围广，时效有保障（刘持菊 等，2017）。借助北斗卫星通信系统的短报文通信功能可以解决常规通信手段覆盖不到的海洋地区，在国家级和省级气象部门部署北斗气象预警信息发布系统，利用气象、海洋、交通等多部门在渔船或商船上安装的北斗接收终端，按海域或终端精准发布海洋气象灾害预警信息，能够实现提高我国海洋气象灾害精细化预警能力。

2012年海南省气象局与北斗星通有限公司合作构建了海洋渔船气象信息卫星发送系统，为南海近海、中远海以及远洋渔船提供预报服务。出海渔民可以通过北斗船载终端实时收听天气预报和预警通知，遇险时还可以第一时间向外界求救。这种"北斗＋气象"的新型气象服务方式在全国尚属首例。海南省气象部门对该系统多次优化升级，2021年优化第二代北斗船载终端的气象信息可视化模块，与渔政总队开展合作推广北斗船载终端气象可视化模块，完成了南沙作业的600多艘渔船的系统部署。深入推进洋浦港精细化气象服务，研发港口气象服务产品，有力保障港区各单位作业安全。在客户端洋浦经济开发区产品的基础上，开发了可视化的微信洋浦港口气象服务页面，提供0~72 h大风、海浪、港口作业影响预报，能见度监测、浮标站监测、分钟级降水等产品*。

4.4.3　海洋专业气象服务能力

海洋气象专业服务主要关注涉海行业的气象保障，如港口、航线、海上重大工程等，保障涉海行业生产和工程的安全运行，及时发布气象灾害预警，由于承载体各异，专业气象服务需要在基本气象信息的基础上，提供与服务行业高度有机融合的、高度精细化和有针对性的专业气象服务。

4.4.3.1　近海航线和远洋导航气象保障服务

港口作为航运经济发展的重要节点，连接着远洋、近海、内河等多个经济带，为相关行业及经济体提供依托；近海航线以港口为枢纽，作为桥梁连接不同区域不同国家的经济体。港口航线作为海洋活动紧密联动的环节，直接影响海洋活动的安全、效果。港航运输与气象条件密切相关，如浙江宁波市海事局部分管制依

---

* 第九届全国台风及海洋气象专家工作组会议报告——专家小组工作报告。

据如表 4.3 所示。

表 4.3　宁波市海事局部分管制依据表允许最大风力

船舶类型	离靠泊、装卸	航行
危险品	4~5 级，阵风 6 级（10.8 m·s⁻¹）	5~6 级，阵风 7 级
散杂货	5~6 级，阵风 7 级（13.8 m·s⁻¹）	6~7 级，阵风 8 级
集装箱	6 级，阵风 7~8 级（15.5 m·s⁻¹）	7 级，阵风 8~9 级
能见度	管制范围	
	码头	航道
小于 1000 m	危险品码头禁止离靠泊	航道单向管制（虾峙门只出不进）
小于 500 m	全部码头禁止离靠泊	航道双向管制

注：数据来源于第九届全国台风及海洋气象专家工作组会议材料——专家小组工作报告。

　　随着我国港口航运事业的飞速发展，船舶通航密度不断增大，大风、大雾、强对流等灾害性天气可能致灾的风险越来越大，严重影响船舶港口作业和工作人员生命财产安全。以海南省洋浦港来说，因为港口作业性质的特殊性，灾害性天气对其作业的影响有所不同，见表 4.4。

表 4.4　海南洋浦港预报服务需求

类别	影响情况	预报服务需求
台风	停航、停工	提高台风风雨预报准确性； 台风预报、预警、解除应分区域发布； 及时发布信息，不仅注重区域性安全、也要注重经济效益，避免耽误复工生产，经济损失增加
雷电	洋浦石油炼化企业较多，雷电灾害严重影响石化企业的生产、作业安全，特别是雷击会造成油罐火灾的后果	建议发布更精准的雷电预警，提前量在 1~2 h，提前半小时也能起到防范效果； 预警区域应精细到港口区域至几千米范围
大风	海事部门规定：平均风力达到 6 级，港口停止海上及码头上的作业	对风向预报的精准性有要求。当灾害性天气影响时将根据风向指挥撤离方向
强降雨	影响港口作业，导致停工	提前预警，便于做好生产安排
大雾	1 km 以下能见度将影响船只航行以及码头的作业	提前预警，便于做好生产安排

续表

类别	影响情况	预报服务需求
高温	部分企业 37 ℃ 以上高温停止作业	提前预警，便于做好生产安排
海浪	对船只停靠码头及作业有极大的危害；浪高大于 2 m 停止通航	建议增加海浪预报，不仅预报浪高，还应对浪高的影响程度加以说明

注：数据来源于第九届全国台风及海洋气象专家工作组会议材料——海洋组 2021 年度工作报告。

我国不断建立健全船舶引航气象服务体系，提升港口精细化预报服务水平，优化港口气象服务保障系统，推进实现重点港口气象服务全覆盖，有效提升港口作业的安全系数，提高港口的工作效率，减少港口运营成本，大幅增加港口利用率。

中央气象台建立船舶导航业务，导航系统集多源数据分析、航线模型与算法、岸基及船舶气象导航决策支持、信息预警、智能服务发布等于一体，包括船端、岸端、移动端、专业网站等几大平台，用户可实时查询自有船舶状况，监视租用船舶性能，管理船队，设计航线，获取航线预报等；还设计开发了拥有自主知识产权的手机应用海洋船舶 APP，可以通过该应用进行船队管理，获取天气系统发展变化情况、全球任意一点水文气象要素预报的变化趋势（图 4.2）。

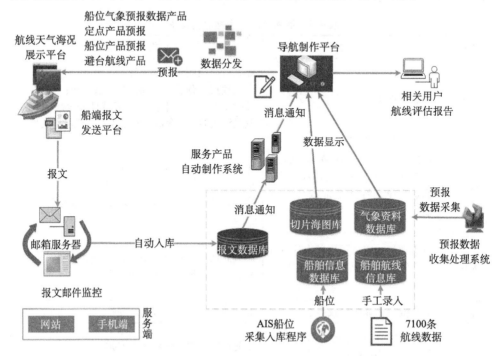

图 4.2　中央气象台船舶导航业务技术体系

天津市气象局与天津港集团、中远海运公司三方联合加强港航气象服务中心建设，依托天津专业海洋气象服务一体化平台，建成海洋气象专业服务网并正式在天津市航道局上线应用，航道局可登录网站实时查询天津市气象局为其提供的港口、沿岸、海区等精细化预报信息。

辽宁省气象局开展港航气象影响预报，深度融合多行业的信息和数据，引入航行风险等级预报，建立了渤海海域客运航线服务系统，实现了单纯气象要素预报向航行影响预报的转变。应用智能网格预报技术，建立小时级精细化的航线预报和风险等级预报，提高了航线服务的精准化。叠加船舶 AIS 数据，开展基于船舶位置的服务，实现了船舶全航程动态跟踪服务；开展精细化港区运营安全气象服务，实现大港区内各个作业区的特色服务；多种渠道发布渤海湾客运气象服务，以便航运部门做好停航或开航以及在锚地避风的准备工作；持续开展陆岛运输气象服务，极大地提高了海峡船舶安全营运效率。

远洋气象导航业务始于 20 世纪 50 年代，是根据未来一段时间的气象水文条件，结合船舶技术性能和营运需求，为远洋船舶推荐最佳的航行路线，并提供船舶跟踪、航次评估分析、航速和燃料消耗索赔等服务。该技术一经诞生就被美、欧、日等发达国家和地区率先掌握，几家国外的大公司几乎瓜分了全球远洋气象导航业务市场。20 世纪 80 年代至 90 年代，我国气象部门曾经尝试自主研发气象导航系统，但受限于我国当时的数值预报等技术水平，加之当时气象、海洋、航海、计算机、海商法等学科交叉融合不足，未能实现。

近年来，随着"一带一路"倡议提出，我国的对外贸易，特别是海上贸易往来日益频繁。但由于一些沿线国家的海上安全保障能力不足，沿途海难事故时有发生，其中绝大多数与海上恶劣天气有关。2016 年，上海市气象部门充分发挥数值预报技术等方面的优势，联合大连海事大学等单位，组建一支集聚多领域科研人员的远洋气象导航创新团队，并成立国有控股的混合所有制远洋气象导航服务公司。2020 年，中国远洋气象导航服务联合体筹备会及首届成员大会举行，标志着中国远洋气象导航服务联合体（以下简称"联合体"）正式成立。联合体聚焦气象赋能航运，共同推进联合服务机制建设，建立健全服务业务流程，对于加大沿海各省市海洋气象技术联合研发力度，提升海洋气象服务能力，促进气象与航运行业的融合起到积极作用，促成了沿海省、市气象部门共同推进海洋气象服务，提高资源使用效率。联合体成立后，结合专业气象服务发展的要求，加强机制建设探索，促进各部门共建、共享，形成良好的分工和分配机制，加强服务技术的联合研发，共同建立远洋气象导航服务标准规范，形成合力，共同发展。

2021 年，中国远洋气象导航服务联盟在福建省泉州市召开理事大会暨技术交流会。对建设远洋导航服务数据产品共享平台规划设计进行了研讨，联盟成员单位将与相关高校和科研院所建立战略合作关系，研究联合建设远洋导航技术研发联合实验室等。上海市气象局与中远海运科技股份有限公司签署了交通领域数字化服务合作框架协议，双方将在共建航运＋气象平台、海洋气象及船载气象数据共享、智能船服务技术和自主知识产权远洋导航技术等关键领域和"卡脖子"技术上深度合作。成立联合实验室，实现远洋导航大数据应用及共享*。

4.4.3.2　海上渔业气象保障服务

针对近海养殖中出现的灾害性天气进行专业预报服务。近海养殖中，对风力超过 6 级的大风、雷电、风暴潮、暴雨、强对流、能见度小于 500 m 等主要灾害性和高影响天气的监测预警是天气预报的重要内容。

不同渔业养殖地区、不同的养殖品种和不同的养殖阶段对气象条件有不同的需求。针对渔业气象服务的特殊需求，研究制定相应的渔业气象服务指标、标准和办法。根据渔业气象服务的特殊需要，增加所需的气象信息观测，收集所需的各种资料，以满足渔业气象服务的需求。从渔业养殖气象服务的需要出发，利用各种气象资料，量身定做渔业养殖气象服务产品，更好地为渔业生产服务。利用现代信息传输的技术手段，将渔业养殖气象服务信息及时、快捷地传送到养殖户和单位，以便在渔业防灾减灾、促进生产等方面更好地发挥气象服务信息的作用。

针对不同水产品种，全国各省不断创新台风指数保险产品。台风指数保险产品设计思路：以投保点为中心，一旦台风进入距离投保点一定的范围，且台风近中心风速达到一定的风力等级，即触发赔款；台风距离投保地越近、台风近中心风力越大，赔付越高（表 4.5）。广东江门生蚝养殖、湛江海水网箱养殖风灾指数保险落地，山东威海推出牡蛎养殖、烟台推出扇贝养殖风灾指数保险*。

表 4.5　根据不同距离、不同风力等级设定不同的赔偿标准

风力等级	距离 50 km	距离 100 km	距离 200 km
12 级 > 风力等级 ≥10 级	10%	5%	10%
14 级 > 风力等级 ≥12 级	20%	10%	2%
16 级 > 风力等级 ≥14 级	50%	20%	5%
风力等级 ≥16 级	100%	50%	10%

注：数据来源于第九届全国台风及海洋气象专家工作组会议材料——专家小组工作报告。

4.4.3.3　海上旅游气象保障服务

我国海洋旅游相较于陆地旅游起步较晚，1978 年观光式的旅游度假开始出现，

---

* 第九届全国台风及海洋气象专家工作组会议材料——专家小组工作报告。

标志着我国海洋旅游的开始；2010 年，海南国际旅游岛建设致力于把海南建成"我国旅游业改革创新的试验区、世界一流的海岛休闲度假旅游目的地"；2012 年开始，我国海洋旅游进入大发展阶段，党的十八大正式提出海洋强国战略，提出要提高海洋资源开发能力，这其中包括海洋旅游；2013 年被定为"中国海洋旅游年"。随后的十余年中，伴随着国家经济的发展和人们消费观念的转变，海洋旅游逐渐发展成为广受全民喜爱的旅游方式。根据《2021 年中国海洋经济统计公报》数据，随着助企纾困和刺激消费政策的陆续出台，滨海旅游市场逐步回暖，但受疫情多点散发影响，滨海旅游尚未恢复到疫情前水平。全年实现增加值 15297 亿元，比 2020 年增长 12.8%。

为满足广大群众对海上气象条件预报的迫切需求，落实旅游气象服务保障要求，各沿海省份相继开发了海上旅游气象保障服务业务。如海南省气象局在全域旅游气象服务产品中增加了"赶海指数"，可根据潮位信息一级天气要素制作赶海模型，为赶海爱好者提供参考，进一步发挥旅游气象系统的产品可视化、服务智慧化和精准化，让游客轻松、快捷地获取气象信息，享受气象服务给游玩带来的便利，同时积极与邮轮公司对接，了解三亚湾凤凰岛码头至三沙永乐群岛的邮轮航线气象服务需求，综合运用卫星、雷达、自动气象站等观测手段，结合海南海洋气候特点，建立旅游安全风险"点对点"叫应服务制度，为提前做好航线旅游策划提供依据；福建平潭以"旅游气象＋宣传"为切入点，针对气象预警信息发布，特别是对"平潭蓝眼泪"热点气象的预报，充分利用平潭融媒体中心新媒体技术手段和平台，提高实验区气象服务信息的传播率和覆盖率，打响平潭国际旅游岛知名度。

4.4.3.4　海洋工程气象保障服务

海洋资源开发工程气象保障服务主要指的是为海洋石油平台、大型核电工程、大型石化项目等提供精细的相关预报服务产品。

辽宁省大连市气象局为新中国第一座现代化 30 万 t 级原油码头——大连港油品码头公司，开展专业气象服务已经超过 15 年。码头有时东南风较大，如果不把大风时间报准，邮轮就可能折返停靠，由此造成的经济损失少则几十万元，多则上百万元。气象服务是整个单位科学管理、科学计划、科学组织、科学指挥的组成内容之一。尤其是大风预警，对科学组织整个生产起到重要支撑作用。

天津市气象局依托于天津专业海洋气象服务一体化平台，建成海洋气象专业服务网，已在曹妃甸矿石码头、拖船公司、天津航道局等多家企业实现业务应用，为海洋工程安全作业、港口生产等提供专业化气象服务。

河北省气象台在 2021—2022 年"采暖期港口天然气保供"工作中继续发挥作

用，做好冬季能源保供气象服务工作，加强与唐山曹妃甸区气象局联动，多次开展高影响天气会商，做好几次恶劣天气下、海上天然气运输气象服务保障工作，助力卸气站抢抓强风窗口期，保障进出港、靠离泊作业，圆满完成采暖期天然气保供工作，优质的服务保障得到海事部门肯定*。

4.4.3.5　国家安全气象保障服务

国家安全气象保障服务以及全球主要海域搜救与应急气象保障，为在关键岛礁、港口、石油平台等海上作业活动、科考活动以及应对全球主要海域发生的突发事件提供精细化的气象水文监测及预报服务产品，满足开展上述活动所需气象保障之需要。随着我国海外活动的日益频繁，海上领土争端、溢油、撞船等突发事件发生频率越来越高，扩展海域范围越来越广，对海上气象保障服务提出了更高要求。2021 年，国家级完成了全球台风监测预报报文实时接入台风海洋一体化业务平台。目前，依托台风海洋一体化业务平台，以海洋气象观测、卫星遥感产品等数据为基础，以高分辨率海洋和大气的精细化预报产品为核心，以资料融合分析技术、数值模式评估技术和解释应用技术等为支撑，建立适用于单点、静态海区、动态海区和应急搜救海区的海洋气象要素客观预报方法，实现上述四类气象保障服务产品的快速制作和安全传输。沿海省级气象局也积极配合海上搜救中心，提供影响海上救援的关键气象条件保障服务，如山东省气象局建成海上搜救气象服务平台，实现基于自定义搜救点和网格预报的预报阈值报警等功能，该平台为 2021 年多起海上搜救和打捞工作提供了强有力的技术支撑**。

4.4.4　海洋气象灾害风险管理能力

根据三个"转变"的要求，海上气象服务及防灾减灾已经从传统的预报服务向基于影响的预报服务转变，重点提供基于影响的灾害风险服务，这就需要气象部门开展海上承灾体、致灾因子的气象灾害普查、风险区划和影响评估，提供海上灾害风险管理服务。

4.4.4.1　海洋气象灾害风险普查和区划

气象灾害风险普查指的是气象部门为全面掌握全国各地各种气象灾害致灾因子及危险性、承灾体暴露度及脆弱性，开展气象灾害风险评估及预警、风险区划等业务及服务，对产生气象灾害风险的所有相关要素信息以及灾害机理分析和风险评估、区划等方法中可能用到的基础信息数据进行全面专业的调查收集，并建

---

* 第九届全国台风及海洋气象专家工作组会议材料——2021 年度各单位工作总结。
** 第九届全国台风及海洋气象专家工作组会议材料——专家小组工作报告。

立数据库系统，为提升气象灾害风险管理水平奠定基础。气象灾害风险区划反映社会若干年内可能达到的气象灾害风险程度，即某地区可能发生某种气象灾害的概率或超越某一概率的气象灾害最大等级的地理分布及其可能发生的风险。气象灾害风险区划是为了有效地防灾减灾，一方面能够说明哪些地区是气象灾害高风险区，不适合建居民点、开发区和工程；另一方面，如果确有必要建设或人类社会已经处于灾害的高风险区内又难以搬迁，应当采取什么工程性措施预防风险的发生，并为防灾工程的设计标准提供科学依据，以防御灾害风险的发生。

近年来，气象部门基于陆地开展了一些气象灾情和灾害风险普查工作，如2012 年以来开展了全国中小河流及山洪地质风险普查，部分城市还开展了一些城市内涝灾害风险普查工作，这些成果已在气象服务和防灾减灾中得到了应用，也为开展海洋气象灾害风险评估和区划工作奠定了坚实的基础，为海上气象灾害风险评估提供了有益的借鉴和技术积累。气象部门基于上述我国陆地部分气象灾情和灾害风险普查结果，初步开展了中小河流和部分山洪沟致灾阈值的确定，为相应的灾害风险预警工作提供了有力的科学支撑。

另外，依托海洋气象综合保障一期工程，气象部门初步建立了气象灾害信息管理系统，并在气象服务中得到了初步应用。针对我国海上台风、大风、强对流、雾等海洋气象灾害，2 类承灾体（核电站、跨海大桥），已经初步建立实时-历史一体化的海洋气象灾害风险分析处理系统，主要包括海洋气象数据库、海洋社会经济信息数据库、海洋基础地理信息数据库、海洋气象灾情数据库、建立致灾因子个例库；建立海洋气象灾害信息采集上报系统；开展海上大风风险区划。

2021 年，中国气象局重点开展海洋气象灾害公报编制规范、海洋气候基础数据集整编规范编制工作，为后续常规化开展海洋气象灾害天气个例库建设和海洋气候基础数据集整编奠定了基础，支撑海洋气象预报和服务业务、海洋灾害性天气研究。各省级气象部门还针对台风灾害第一时间深入灾区开展灾情调查，包括开展台风"烟花"对宁波北仑农业影响调研、台风"狮子山"对广西钦州农业影响调研、台风经过辽西造成的降雨影响调研等*。

4.4.4.2　海洋气象灾害风险评估

气象灾害风险评估采用风险分析原理和方法对气象灾害风险发生的强度和形式进行评定和估计。灾害风险研究的基本理论表明，致灾因子（极端天气气候事

---

* 第九届全国台风及海洋气象专家工作组会议材料——专家小组工作报告。

件）并不必然导致灾害，而是与脆弱性和暴露度叠加之后，才会产生灾害风险。气象灾害风险评估的主要内容是对承灾体的脆弱性进行评估，其中包括承灾体的物理暴露度、承灾体的灾损敏感性以及区域防灾减灾的能力等方面。

部分沿海地区采用淹没模型开展了城市内涝灾害风险评估。福建省气象局发展台风精细化风险评估业务，完成评估模型与福建省智能网格天气预报数据的对接，实现乡镇级台风灾害风险（预）评估自动化，充分延长风险评估时效，在2021年8月对台风"卢碧"开展了风险（预）评估，实现气象预报向风险预警的转变为防灾减灾提供有力保障。广西开发了台风与海洋综合服务支撑平台，实现集台风路径和强度预测预报、风雨预报、灾害评估等一体化功能，开展了台风灾前影响预评估、灾中跟踪评估和灾后快速评估等服务**。

4.4.5　海洋气候资源开发利用能力

海洋气候资源开发利用是我国海洋强国发展战略的基本需求，是应对气候变化和海洋生态环境的重要科技支撑。

近年来我国海上气候资源的开发规模越来越大，尤其是海上风能资源的开发利用规模大幅增加，我国的海上风能资源极为丰富，近年来我国海上风能资源的开发利用规模不断扩大。2021年海上风电全年新增装机1690万kW，是此前累计建成总规模的1.8倍，累计装机规模达到2638万kW，跃居世界第一。在"碳达峰、碳中和"目标愿景引领下，新能源的高质量发展将对风能资源开发气象服务提出更高的要求。近海风电场的开发迫切需要准确评估近海风能资源的开发潜力。卫星观测资料反演数据并不能反映不同高度风场变化情况，不能满足快速发展的风电开发需求；采用数值模拟方法对风能资源进行评估可以获得模拟区域内所有空间立体网格点上的风能参数，可以全面地评估风能资源。

气象部门坚持以服务需求为引领，建设中国气象局风能、太阳能中心，初步建立了风能、太阳能资源监测、评估和预报的气象业务。开展了第四次全国风能资源详查。开展了精细化风能太阳能资源评估，定期制作并发布《中国风能太阳能资源年景评估公报》。基于RMAPS-WIND、GRAPES_MESO等数值预报模式，对风能、太阳能进行针对性改进，建设风能、太阳能资源预报业务系统，支撑国家新能源消纳监测预警工作。支撑国家新能源走出去战略，基于FY-4ASSI等产品，制作"一带一路"沿线部分国家太阳能资源分布图谱。

＊　第九届全国台风及海洋气象专家工作组会议材料——专家小组工作报告。

4.5　海洋气象保障能力现状

4.5.1　海洋气象综合保障能力

4.5.1.1　国家级海洋气象装备保障基地

国家级海洋装备保障基地建设依托现有气象装备运行保障业务体系，因此具备一定的基础：

（1）中国气象局气象探测中心依托山洪地质灾害防治气象保障工程、海洋一期等项目建设，已建成国家级天气雷达测试维修平台，开展了天气雷达测试维修技术研究，针对不同型号天气雷达编制了测试维修方法，目前正在指导省级开展天气雷达测试维修平台建设，进一步提高省级新一代天气雷达的测试、维修能力。

（2）为满足综合气象观测系统地面气象观测站网的量值传递和溯源的需要，中国气象局气象探测中心针对常规要素温度、湿度、气压、风向风速、降水和太阳辐射等建立了国家一级标准的计量检定实验室，标准器具可溯源至国家和国际计量标准。

（3）为满足新一代天气雷达国家级备件快速供应保障以及气象应急物资储备等需要，中国气象局在陕西西安建设了国家级应急物资储备库。

（4）目前，针对海洋气象观测设备的运行保障尤其是全网监控需求尚无配套的业务平台，需借鉴陆上气象装备运行保障平台建设经验，结合海洋气象装备运行特点和保障模式，有针对性建设海洋气象观测设备保障业务平台，形成海洋气象观测全网运行监控能力，满足海洋气象装备运行保障需要。

（5）上海物资管理处气象装备质量检测能力通过多年的建设，已具备较为完善的自动气象站、土壤水分站和探空仪的性能指标检测能力。为建立海洋气象设备耐海洋盐雾腐蚀的质检能力，海洋一期又投资建设了海洋气象设备盐雾腐蚀方舱、配套海洋气象观测自动气象站控制系统（含高倍显微镜和电子天平等数据收集分析附加设备）、温湿度控制系统，具备了海洋气象装备耐海洋盐雾腐蚀情况的检测能力。

中国气象局为加强对综合气象观测系统的设备质量控制，依据《气象观测专用技术装备出厂入网测试规定（试行）》，为天气雷达、自动气象站、土壤水分站、闪电定位仪等设备编制了测试大纲、测试项目表和实际操作方案。目前陆上观测设备入网前均据此执行，保障了气象观测设备的统一性、可靠性。

中国气象局自 2017 年开始按照 ISO9001 标准的要求，梳理国家级海洋气象观测业务，目前正在有序推进质量管理体系认证。

4.5.1.2 省级海洋气象装备保障中心

（1）中国气象局围绕地面气象观测系统、新一代天气雷达观测系统运行保障需要，在省级配备了测试维修平台，基本满足了故障设备的测试维修需要，但针对海洋气象观测设备的运行保障需要，仅在海洋一期中为12个涉海省（区、市，含吉林）配备了简单的测试维修工具。

（2）中国气象局依托预警工程和海洋工程等工程项目建设在省级配备了温、压、湿、风、雨量的二级标准器具，能见度校准板，天气现象校准板；在省、市两级配备了移动校准系统；在县级气象局配备了雨量校准器；依托华云公司和上海物资管理处建设了土壤水分站电性能核查实验室；在上海物资管理处和安徽省气象局建设了能见度仪计量检定实验室；基本满足现有陆基气象观测设备的计量检定和现场核查服务需求。

（3）各省份为满足陆上气象观测设备备品备件的储存和调度供应需要，根据各自需求情况，建设了规模不等的气象装备储备库。同时为满足设备及备件的全生命周期信息化管理需求，进一步推动气象技术装备及备品备件管理水平提升，中国气象局还在全国推广应用了气象技术装备动态管理信息系统。

（4）中国气象局在2016—2018年开展了气象观测质量体系建设研究与试点运行，2018—2019年在全国完成推广应用。质量体系中的质量手册、程序性文件、作业指导书和相关控制表单都是围绕现行业务梳理制定的。

（5）依托海洋一期工程建设，涉海省（区、市）补充建设了针对海岛自动站维修的简单维修工具和测试维修工装。新型海洋气象技术装备试验保障能力欠缺。

4.5.2 海洋气象信息能力

4.5.2.1 海洋气象通信网络能力

随着国家海洋战略的制定以及北斗等卫星的发射和投入使用，海洋气象观测和信息服务已具备基础通信条件，但这些卫星通信系统在气象行业还没得到大规模应用。

目前，在涉海省份建设了海上无人站应急通信系统和海基气象观测数据前置收集系统（国内气象通信系统功能扩充），并在国家级对国际气象通信系统进行了功能扩充，初步形成海洋气象观测数据收集和交换的能力，支持海上自动气象站、海上 GNSS/MET 和船舶观测站数据通过省级收集后上行至国家级，支持的海洋通信手段包括北斗卫星和 GPRS/CDMA/4G。

4.5.2.2　海洋气象数据应用加工能力

海洋气象数据是描述海洋和大气变化的关键参数，是海气耦合系统模式得以运行的必要条件，这些参数涉及海洋表面及大气等多维度的要素，如海表温度、海冰密集度、洋面风、降水、气温分布等。然而，随着对地观测技术的发展，观测数据来源趋于多元化，各要素资料在数据质量和时空尺度上的分布都存在明显的差异。因此，构建针对海洋气象数据产品的多源实况融合加工系统是快速获取可靠海洋气象信息，实现对海上天气变化预测预报业务的数据支撑。

由于海洋现场观测资料稀少，时空分布又不均匀，目前主流的做法是结合浮标、船舶的现场观测、模式分析产品等，通过对多卫星观测数据进行比较、分析、校正、同化、融合等工作，得到质量较高的多平台海洋要素融合产品。如多源降水融合的发展开始于 20 世纪 90 年代，结合了静止卫星红外探测时空连续分辨率高和极轨卫星被动微波降水精度较高的优势，对多颗卫星不同类型探测资料反演的降水进行校正和融合，形成多卫星集成降水产品，目前 GPM 可提供的时空分辨率能达到 3 h、0.1°，实时产品滞后 6 h 的全球降水产品；在区域上，高分辨率降水融合产品则多充分利用了雷达产品的高分辨率信息，国内降水融合的产品多集中在满足气象业务对区域高分辨率降水产品的需求上，且多是模式预报或卫星与地面自动气象站观测的融合，早期产品分辨率多在逐小时 5~10 km，近几年随着气象业务发展的需求，国家气象信息中心研制了能够有效利用雷达信息的分钟级和 1 km的高分辨率融合降水产品，但主要针对中国陆面地区，对海上区域和全球关注不够，且产品时效也与国际上有较明显的差距。

4.5.2.3　海洋气象信息安全保障能力

目前，全国气象系统从统一安全管理、安全检查、安全风险评估、应急预案、数据备份、异地灾备等方面加强网络安全工作。国家—省—市—县级信息系统均按要求建立了管理制度，具备了基本的信息安全技术能力。重点加强了国家级和12 个涉海省级基础网络安全防护设施的建设。国家级主要在已有安全基础设施的基础上新建海洋气象相关信息系统安全防护措施，并对部分老旧设备进行更新升级，包括防火墙、入侵检测系统、堡垒机、漏洞扫描等。涉海省份主要根据各自补充完善防火墙、入侵检测、漏洞扫描、流量控制等网络安全设备。通过海洋一期工程建设，满足基本安全防护需求。

第5章 中国海洋气象发展短板与需求分析

近些年来，我国海洋气象发展已经取得很大成就，基本建成了现代海洋气象业务体系，并已经成为世界气象组织海洋气象服务区域专业气象中心。但是，必须看到我国海洋气象发展还存在短板，特别是面对我国海洋经济发展需求和承担的国际海洋气象事务，还存在很大差距，必须坚持以我国海洋气象问题和目标为导向，进一步推进海洋气象能力建设。

5.1 海洋气象发展短板分析

5.1.1 海洋气象观测能力短板

与海洋气象发达国家比，我国海洋气象观测能力短板还比较明显。主要表现在：一是海洋表面及近海海域预报责任区气象观测站点尚有观测空白区。我国有1.8万km的大陆海岸线和1.4万km的岛屿海岸线。气象部门已经建设的沿海气象站平均站间距约为103 km，海岛自动气象站数量仅占我国现有岛屿数量的5.7%，近海海上大风和海雾无法有效监测，难以有效地对海洋气象灾害进行监测预警，远不能满足海洋气象预报和服务的需求；另外，我国提供气象服务的海洋表面气象观测站点严重不足，锚系浮标等观测站点稀疏，间隔距离大，存在大片监测空白，远海海洋气象观测几乎空白，涉海气象观测数据种类少、数量少，气象卫星海洋观测研发应用能力不够强，难以为远海海洋气象预报和服务提供所需观测资料支撑。

二是近海和远海气象资料获取和处理能力有限。尤其在海洋高空大气观测方面，与美国、日本等发达国家相比还有很大差距。另外，海洋特殊的高盐度、高湿度、高腐蚀性环境，造成用于海洋气象观测的设备寿命普遍低于陆地观测设备，加之海洋观测设备技术限制，海洋观测资料获取方式只有近海常规观测和部分浮标观测，近海海洋气象资料获取手段有限，远海区域无法获取海洋观测资料，而远海海域对我国天气、气候影响较大，只能通过国际交换获取公开资料，基本没有独立获取海洋观测资料的能力。还有海洋气象观测数据处理多种观测手段协同能力不强，各类海洋气象观测系统的协同使用和同步观测、后端评估反馈 - 前端质控改进、海洋气象综合观测数据质量监督管理功能有待加强。

三是海洋气象卫星通信能力建设不足。北斗、海事等卫星系统在气象行业还没得到大规模应用。面对新增海洋气象观测和预报服务业务，现有地面通信网络能力有待提升，缺乏对海洋气象工程二期中无人机等海洋观测资料收集的相关专用链路；目前国家级不支持海事等新型卫星通信渠道观测数据收集，新增国内观测资料和国外海洋卫星等资料的处理能力也有待提升。

5.1.2　海洋气象预报预测能力短板

根据现代海洋气象服务的需要，我国海洋气象预报预测能力还存在以下短板。

一是海洋气象监测基础分析能力明显不足。主要表现在多源观测资料的融合客观定量分析应用能力不足，目前台风海洋监测分析产品更多的是定性监测描述，缺乏客观定量监测分析产品，针对历史台风海洋气象个例的客观定量分析也十分有限，严重制约了海洋气象预报服务业务的精细化发展。由于缺乏有效融合各类观测资料的分析工具和技术，现有海上观测资料的作用未能得到充分发挥，缺乏实时快速融合地面自动站、船舶、浮标、石油平台自动观测站、自动探空、沿海雷达、卫星反演产品、无人机探测、平流层飞艇等资料的高质量的多源资料融合分析系统。

二是海洋气象预报预测能力发展滞后。目前，我国针对台风 3 ~ 7 d 长时效路径预报、强度预报、异常台风预报、风雨影响预报、海雾和海上强对流预报以及重点海域气象要素预报等仍然缺乏有效的客观技术支持。目前的海洋气象预报产品仍存在种类较少、时效较短、精细化程度不高等问题。另外，我国近海海雾等海上灾害性天气的预警业务系统尚未建立，也尚未建立起支撑全球海洋气象监测预报预测业务的基础。国家级和省级海洋气象灾害性天气联防及预报会商机制有待建立和完善，海洋气象灾害性天气预报预警产品不一致问题仍较为明显。

海洋气象数值预报的精细化预报能力和精度亟待提高。我国海洋气象数值预报业务的数值模式和资料同化等核心技术与发达国家差距明显，预报能力不强、精度不高，对海洋气象预报预测的精细化支撑能力较弱，远不能满足国家海洋强国和"海上丝绸之路"战略实施的需求，全球台风集合预报系统开发和业务应用尚不成熟，完善和建立全球海洋气象集合预报业务系统有待加强。

目前海洋气候监测预测业务产品仍难以满足日益增长的业务服务的需求，全球海洋气候要素监测预测产品少，且多依赖于国外数据；当前的极地海冰监测产品精细化不够，缺乏对影响我国气候的关键区海冰状况监测产品，极地海冰的预测产品尚有较大提升空间。海洋模式的预测框架尚未搭建，海冰模式的应用范围非常狭窄，尚未建立完备系统的省级海洋气候监测预测和评估业务，大部分省（区、市）海洋气候监测预测业务尚处于起步阶段。

三是海洋气象数据产品研制不足，基础设施资源有待扩充。在"海洋气象资料业务系统"中，直接面向实况监测、预报预测、公共服务等需求的海洋多源融合实况分析产品不多。针对台风灾害预警、预报预测等业务亟需的洋面风、海浪、海雾、海上能见度、海上降水等要素的融合分析工作有待加强。部分省级气象部门尝试利用虚拟化技术建设基础设施资源池，资源规模较小，难以应对海洋气象预报预测、海洋气象公共服务、海洋气象综合观测等业务系统，以及日益增多的海洋气象数据的"快速"处理，大量数据无法得到规模化有效应用。

5.1.3　海洋气象服务能力短板

当前，我国无论是向近海经济开发，还是向远海经济拓展，都离不开海洋气象服务保障，但是目前的海洋气象服务不能满足需求，在能力方面还明显存在以下短板。

一是海洋航运气象服务亟待提升自主能力。以海洋导航为例，船舶气象导航服务需要船舶在运营过程中持续向气象导航公司提供船舶动态、货运信息等重要技术、商业信息等，该类业务基本被日、美公司垄断，一方面导致国家商业、贸易和技术信息大量外泄，事关国家经济安全；另一方面也使敏感物资运输、应急行动等涉密行动缺乏高科技成果的指导。为打破国外公司垄断，提高我国气象导航的技术和服务自主能力，需要气象部门与相关部门合作，建设具有自主知识产权的船舶气象导航系统，提升对气象导航的科技和业务支撑能力。卫星反演数据并不能反映不同高度风场变化情形，不能满足当前风电开发的需求。

二是海上通信全覆盖能力还显不足。海洋上信息传输的应用通信技术难度远高于陆地，尤其是大洋深处难度更大。经过多年的服务实践，尤其是通过海洋气象综合保障一期工程，建设了上海、广东两个近海传真和广播试验点，对近海防灾减灾做出了积极的贡献，取得了很好的效果，但是无论信息容量、信息形式、时效速度还是覆盖空间区域，其通信能力远不能满足现代全球海洋气象服务的需求。

三是不能满足现代化港口气象服务新需求。海洋渔业、海上钻探、海洋能源、涉海工程、海产养殖、海洋海岛旅游、海上搜救等与气象条件密切相关，我国针对具体海上产业的海洋观测、监测能力存在明显的不足，特别在远、深海几乎还是空白，精准服务能力严重滞后于海洋经济的高速发展，气象服务还不能满足海洋生产和蓝色经济发展的急迫需求。

5.1.4　海洋气象保障能力短板

目前，我国海洋气象信息保障能力与社会需求还有较大差距。一是在涉海省份虽然建设了海上无人站应急通信系统和海基气象观测数据前置收集系统（国内气象通信系统功能扩充），但还不支持对海洋漂流浮标仪、高性能无人机、下投式探空仪等新型观测设备数据的收集需求，亦未支持海事等卫星通信方式的使用，从而无法对远洋船舶、浮标等观测资料进行收集，对国外海洋卫星资料的收集能力有待提高。在"海洋气象资料业务系统"中，直接面向实况监测、预报预测、公共服务等需求的海洋多源融合实况分析产品尚未开始建设。已经开展的海表温度融合分析工作，还难以满足台风等灾害预警的要求，针对台风灾害预警、预报预测等业务亟需的洋面风、海浪、海雾、海上能见度、海上降水等要素的融合分析工作尚未开展。各省份信息基础设施资源能力相对薄弱，缺少支撑海洋气象数据加工处理、海洋气象应用部署的主机资源（计算资源），海洋气象数据加工相关的数据质量的监视能力还显不足。

二是我国海洋气象装备保障能力还远不能满足需求。海洋气象观测设备试验基地不完善，制约了我国海洋观测新技术的发展和业务应用；海洋气象设备计量检定能力发展滞后，缺乏强风计量检定相关标准等，自动化水平仍需提高；海洋气象装备保障业务缺乏保障大数据分析功能，智能化水平不足，无法对海洋气象装备保障业务进行科学的效能评估；国家级海洋气象观测试验基地能力无法满足海洋气象观测设备试验需求；国家级海洋气象装备质量检测能力还有待进一步扩充，省级海洋气象装备保障能力明显不足，亟须加强。

三是我国现代海洋气象信息安全经常受到威胁。随着安全形势不断变化，病毒攻击形式和破坏力不断升级，现有安全防护措施监测、防护能力日益不足。而随着云计算、大数据、物联网、移动应用等新技术大量应用，卫星网络、移动网络、互联网、专线网、政务外网等多种通信网络综合使用，对不同安全级别网络间的隔离和设备接入环境提出更高要求。现有海洋气象信息安全保障能力较海洋气象业务网络安全要求仍存在较大差距，主要表现在：本地网络内、外网隔离程度不足，国家级和涉海省份普遍未做双网划分和隔离，存在大量主机能够同时访问内网和互联网的情况，出现过连接互联网的主机被攻破后攻击内网甚至全网的情况。同时，由于国、省级建立了气象广域网，全面实现内部互通，短板效应明显，某一节点被攻破后，极易造成全网扩散。网络接入管控能力缺失，国家级和涉海省份尚未建立完善的入网管控机制，基本停留在用户自行检查和维护的初始阶段，缺乏自动检测机制和后期跟踪能力，造成前期安全风险发现不及时，后期出现问题无法及时定位和阻断等情况，给海洋数据传输和气象网络稳定带来了极大的安全隐患。

5.2　海洋气象发展需求分析

5.2.1　保障"海洋强国"战略实施的需求

党的十八大和十九大提出"提高海洋资源开发能力，发展海洋经济，保护海洋生态环境，坚决维护国家海洋权益，建设海洋强国"和"坚持陆海统筹，加快建设海洋强国"的战略部署，习近平总书记提出建设"丝绸之路经济带"和"21世纪海上丝绸之路"的重大战略，把发展海洋经济上升到前所未有的高度。

建设海洋强国是中国特色社会主义事业的重要组成部分，对推动经济持续健康发展，对维护国家主权、安全、发展利益，对实现全面建成小康社会目标、进而实现中华民族伟大复兴都具有重大而深远的意义。海洋强国战略的实施对海洋安全保障能力提出了新的挑战，加强海上灾害性天气监测、预警和服务能力，为海上重大军事活动、海域巡航执法提供气象保障服务，为海洋权益管理部门和军队提供精细化监测预报资料，对维护我国战略安全意义重大。面向巡航部队、海洋科考、远洋护航舰队提供远洋航线保障服务对于顺利完成海上任务十分必要。各级政府迫切需要气象部门提供及时准确的海洋气象灾害预警及海洋气象灾害风险管理决策建议，以便科学开展海洋气象防灾减灾救灾服务。各级政府及涉海部门开展海洋气象灾害防范、海上突发重大事件应急处置、海上重大活动、海上搜救等都需要高效优质的气象服务。海洋气候资源开发利用、海洋石油天然气资源开发及涉海重大工程等海洋经济建设迫切需要气象服务为其科学决策提供参考依据。

南海海域位于国际航路的要冲，是我国对外开放的重要航道，也是国际重要航道。未来几年或更长的时间内，南海是维护国家海洋主权、积极推进"一带一路"建设、继续推进海南国际旅游岛建设的重要支撑点。尤其是，由于特殊的历史、区位、政策、交通、外交、人文优势，南海周边国家是我国"一带一路"建设"海上丝绸之路"重要贸易伙伴国，沿岸港口是对外贸易的支点。把海南建成21世纪海上丝绸之路的南海资源开发服务保障基地、海上救援基地、博鳌首脑外交和公共外交基地、经济文化交流合作基地、南繁育种基地等基地和平台。要加快重点区域和重点项目的建设发展，打造一批符合 21 世纪海上丝绸之路建设需要的战略支点，围绕"海洋强国"建设，努力推动海洋气象实现科学发展、绿色崛起。因此，南海海域的气象监测、预报预警、气象服务和气象科研，对经济和国防都具有重要意义。

进入新时代，我国要建成海洋强国对气象工作保障服务提出了更多更高的要求，提升海洋气象保障服务能力，保障国家战略顺利实施对海洋气象发展既面临重要机遇，也面临严峻挑战。我国海洋气象必须着眼全球监测、全球预报、全球服务，大力发展海洋气象事业。

5.2.2　保障涉海人民群众生命安全的需求

我国管辖的海域濒临太平洋，冬季受欧亚大陆气候的影响，夏季受台风的袭击，海洋环境复杂多变，从而导致海上强对流天气、热带气旋、海上大风、海雾、寒潮、海冰、风暴潮等海洋灾害频繁发生，严重威胁着沿海和海岛居民、滨海旅游人群、涉海就业人员的生命财产安全。

根据统计，我国涉海省、自治区、直辖市共有 5.8 亿人口，涉海城市年接纳旅游人数大约在 10 亿人次左右，2001 年涉海就业人员规模就达到 2107.6 万人，到 2015 年、2016 年则分别达到 3558.5 万人、3622.5 万人。从 2001 年至 2021 年，我国因海洋台风灾害造成的死亡及失踪人口总计达到 3410 人，年均为 162 人（图 5.1），其中 2001 年至 2011 年达到 2832 人，占 83%；2012 年至 2021 年为 578 人，占 17%。仅 2006 年台风造成 1522 人死亡或失踪，一个"桑美"（国际编号：0608）台风，由于其风力特别强、持续时间长、降雨强度大、降雨时间集中，给浙江苍南和福建福鼎的部分地区带来了毁灭性的破坏，两省因台风共造成至少 480 人死亡。2012 年 8 月，受台风"达维"影响，辽宁南部和东部出现近 10 年最强降水过程，共造成数十人死亡；2013 年 3 月，受较强冷空气影响，渤海大部分海域出现了 9～10 级阵风，天津籍集装箱船"光阳新港"轮在渤海湾中部龙口港北约 40 海里处海域沉没，造成 12 名船员遇难、2 人失踪；2015 年，登陆我国大陆的 6 个台风，共导致黑龙江、上海、江苏、浙江、安徽、福建、江西、山东、广东、广西、海南等 11 个省（区、市）2358.61 万人次受灾，70 人死亡或失踪。因此，加强海洋气象能力建设研究，提升我国台风预报预警能力是有效防御台风灾害，践行生命至上理念，保障海上和沿海人民群众生命安全的第一道防线。

除台风对沿海人民群众构成生命安全威胁外，还有大风、海雾等恶劣天气也是造成海难事故人员伤亡的自然因素，对从事海上活动的人员生命安全威胁很大。海难事故一般容易发生在冬季寒潮大风、夏季台风、春秋季节大雾时节，在我国

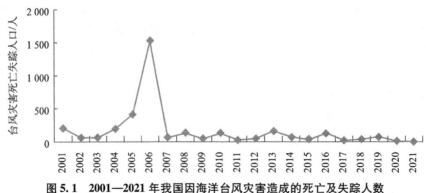

图 5.1　2001—2021 年我国因海洋台风灾害造成的死亡及失踪人数

琼州海峡、渤海湾、长江口等船舶密度较大的区域也易发海上事故。受自然条件影响，海上救助的难度与危险性远大于一般的陆上救助，且参与救助者自身的危险性也极大。随着经济社会的发展，对外开放逐步扩大和深化，涉海活动不断增多，海上险情呈现出多样化、复杂化的特点，这都给海上搜救工作提出新要求、新挑战。据中国海上搜救中心对外公布，"十二五"期间，我国各级海上搜救中心共组织、协调处置突发事件 10097 起，处理 2014 年搜寻马航 MH370 失联客机、妥善处置渤海湾 5 艘船舶进水遇险、"皖神舟 67"轮翻船、菲律宾籍船舶 "FOXHOUND" 轮遇险等，5 年共搜救海上遇险者 84234 名，搜救船舶 7653 艘，日均救起 47 人，搜救成功率达 96.1%。

　　为更好保护沿海和海岛居民、滨海旅游人群、涉海就业人员生命安全，《国民经济和社会发展第十三个五年规划纲要》明确提出要 "坚持以防为主、防抗救相结合，全面提高抵御气象、水旱、地震、地质、海洋等自然灾害的综合防范能力。健全防灾减灾救灾体制，完善灾害调查评价、监测预警、防治应急体系。"因此，开展海洋气象能力建设研究，全面提升我国海洋气象综合服务能力，是保障人民群众生命安全的迫切需要。

5.2.3　保障海洋经济生产发展的需求

　　我国是海洋大国，管辖海域广阔，海洋资源可开发利用的潜力很大。21 世纪是海洋的世纪，我国海洋经济发展战略已进入全面实施的新阶段，海洋经济在国民经济中所占比重逐年提高。"十二五"期间，全国海洋经济年均增长速度达到 8.4%，海洋生产总值占国内生产总值的比重始终保持在 9.3% 以上，继续保持高于国民经济的增长速度。特别 2012 年以后，我国海洋油气勘探开发实现了从 300 m 到 3000 m 的跨越。截至 2017 年底，我国已建成海上风电装机容量跃居世界第三；截至 2020 年底，我国海上风电累计装机容量为 125164 MW，占全国总装机量的

28.12%，跃居世界第二，当年我国海上风电新增装机量超过 3 GW，占全球新增装机总量的 50.45%。我国海洋战略性新型产业年均增速达 15% 以上，海洋生物医药增加值年均增速达到 19.6%，海洋电力业增加值年均增速达到 25.3%。海洋产业已成为国民经济重要支柱产业。此外，我国国际贸易总量的 85% 以上通过海上运输完成，已成为世界铁矿石第一大进口国，石油第二大进口国，货物贸易第三大进出口国。

　　在党中央、国务院的总体部署下，海洋渔业、海洋交通运输业、海洋油气业、海洋盐业等海洋经济发展成就显著。2011—2017 年海洋渔业增加值年均增长4.7%，并将由近海向远海发展；我国海洋油气产量依然连续 4 年稳定在 5000 万 t油当量；我国海洋工程装备业发展迅速，海洋工程船、钻井平台工程承接量大幅攀升，海洋工程装备的国际市场占有率不断提高。到 2018 年，我国海洋生产总值达到 83415 亿元，占国内生产总值的比重为 9.3%。因此，海洋经济已经成为我国新时代经济发展的重要支撑领域。

　　根据统计，2001 年我国主要海洋产业生产总值只有 7234 亿元，占全国国内生产总值的 7.5%，但到 2019 年海洋产业总值增加到 89415 亿元，占全国国内生产总值的 9.0%（表 5.1、图 5.2）。2021 年最高达到 90385 亿元，2007 年年增长最快达到 15.1%，当年占全国国内生产总值的比重达到 10.1%。

表 5.1　2001—2021 年海洋生产总值、年增长量及其在 GDP 中的占比统计

年份	海洋生产总值/亿元	年增长/%	GDP 占比/%
2001	7234	8.7	7.5
2002	9050	9.2	8.8
2003	10078	9.4	8.6
2004	12841	9.8	8.0
2005	16987	12.2	9.3
2006	18408	12.7	8.8
2007	24929	15.1	10.1
2008	29662	11.0	9.9
2009	31964	8.6	9.5
2010	38439	12.8	9.7
2011	45570	10.4	9.7
2012	50087	7.9	9.6
2013	54313	7.6	9.5

续表

年份	海洋生产总值/亿元	年增长/%	GDP 占比/%
2014	59936	7.7	9.4
2015	64669	7.0	9.6
2016	70507	6.8	9.5
2017	77611	6.9	9.4
2018	83415	6.7	9.3
2019	89415	6.2	9.0
2020	80010	−5.3	—
2021	90385	8.3	8.0

数据来源：2001—2021 年《中国海洋经济统计公报》。

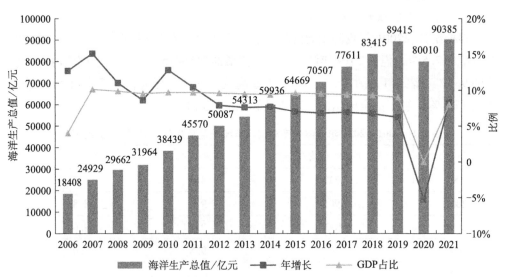

图 5.2　2001—2021 年海洋生产总值、年增长量及其在 GDP 中的占比统计

（数据来源：**2001—2021** 年《中国海洋经济统计公报》）

但是，我国海洋经济发展时刻受到海洋气象灾害的严重威胁，海洋气象灾害给海洋经济带来了巨大损失。根据统计，2001—2021 年，我国因海洋灾害造成经济损失总计高达 2286.3 亿元，年均达 108.9 亿元，最高的 2005 年达 332.4 亿元。在主要海洋灾害中，我国因风暴潮灾害造成的经济损失高达到 2091.1 亿元，年均达到 99.6 亿元，年均占海洋灾害经济损失的 91.5%（表 5.2、图 5.3），最高的 2005 年达 329.8 亿元，占当年海洋灾害损失的 99.22%。可见因风暴潮灾害造成的经济损失占比之高。

表 5.2　2001—2021 年海洋灾害经济总损失、气象风暴潮损失及其占比统计

年份	总损失/亿元	风暴潮损失/亿元	占总损失比例/%
2001	100.0	87.1	87.10
2002	66.0	63.1	95.61
2003	80.5	78.8	97.85
2004	54.0	52.2	96.57
2005	332.4	329.8	99.22
2006	218.5	217.1	99.36
2007	88.4	87.2	98.64
2008	206.1	192.2	93.26
2009	100.2	85.0	84.83
2010	132.8	65.8	49.55
2011	62.1	48.6	78.26
2012	155.3	126.3	81.33
2013	163.4	154	94.25
2014	136.1	135.8	99.78
2015	72.7	72.6	99.86
2016	50.0	45.9	91.80
2017	64.0	55.8	87.19
2018	47.8	44.6	93.31
2019	117.0	116.4	99.49
2020	8.3	8.1	97.59
2021	30.7	24.7	80.46

数据来源：2001—2021 年《中国海洋灾害公报》。

　　由于我国海洋经济的快速发展，其海洋航运、捕捞、养殖、油气开采、海上搜救、风电、物流、港口作业、临港工业、旅游等海洋经济项目，都受到台风、风暴潮、暴雨、寒潮、强对流天气、海上大风、大浪、大雾、赤潮等海洋气象灾害极大的威胁。海上交通运输对气象保障要求极高，特别是海难事故的应急救援，不仅要求提供准确的气象水文情报、预报，还对"及时性"和"精细化"提出要求；航运船舶进出港口、锚地停留、货物装卸运输等工作与风向风速、降水、海流、浪高、能见度等气象要素关系紧密；强降水天气对盐田的生产影响重大等；这些都对精细化的海洋气象监测预报预警及国航国导服务提出了要求。加强海洋

图 5.3　2001—2021 年海洋灾害经济总损失、气象风暴潮损失及其占比统计

（数据来源：2001—2021 年《中国海洋灾害公报》）

气象服务，建设海洋气象综合保障工程，提升海洋气象能力，成为海上安全生产和减少灾害损失的有力支撑和迫切需要。

5.2.4　保障海洋生态良好的需求

全球变暖已成为全球环境问题中关注的热点和焦点问题。近年来由于气候变暖导致全球海洋酸化、海平面上升、海洋生态系统退化、海洋灾害加剧以及海洋极端气候事件频繁发生。大气和海洋作为全球气候系统中最重要的组成部分，彼此间关系密不可分，大气是引发众多海洋现象的动力和热力因子，海洋是驱动全球大气环流的热机，是许多重要天气系统的发源地。我国领海是周边区域的水源地之一，也是热量和二氧化碳的储存器，对区域的能量循环和水循环有重要影响，南海及周边地区是北半球天气气候的一个强迫源地和变化最敏感地区之一。南海季风的爆发开启了从印度洋经南海到我国大陆的水汽通道，影响着我国大部分地区的天气气候，与我国的旱涝、高温和冷害等气象灾害密切相关。《中国应对气候变化的政策与行动》中明确要求"要通过加强对海平面变化趋势的科学监测以及对海洋和海岸带生态系统的监管，提高沿海地区抵御海洋灾害的能力"。从这个意义上说，通过开展海洋气象观测，获取海洋与大气能量、水汽及其他物质通量数据，科学认识海—气相互作用及区域物质循环过程，为海洋经济长久、持续开发提供决策依据，是应对气候变化迫切需要开展的基础性工作。

海洋生态文明是我国生态文明建设的重要组成部分。2015 年，在《中共中央国务院关于加快推进生态文明建设的意见》中，明确提出了加强海洋资源科学开发和生态环境保护。根据海洋资源环境承载力，科学编制海洋功能区划，确定不同海域主体功能。坚持"点上开发、面上保护"，控制海洋开发强度，在适宜开发的海洋区域，加快调整经济结构和产业布局，积极发展海洋战略性新兴产业，严格生态环境评价，提高资源集约节约利用和综合开发水平，最大程度减少对海域生态环境的影响。严格控制陆源污染物排海总量，建立并实施重点海域排污总量控制制度，加强海洋环境治理、海域海岛综合整治、生态保护修复，有效保护重要、敏感和脆弱海洋生态系统。加强船舶港口污染控制，积极治理船舶污染，增强港口码头污染防治能力。控制发展海水养殖，科学养护海洋渔业资源。开展海洋资源和生态环境综合研究。实施严格的围填海总量控制制度、自然岸线控制制度，建立陆海统筹、区域联动的海洋生态环境保护修复机制。气象服务是海洋生态文明的重要科技支撑，开展海洋气象能力建设研究，加强海洋气象观测能力，提高对海上污染物扩散趋势分析和预报，开展海岸气象生态环境研究，以及海区环境容量、自净能力、生产力的研究和判断，对保护海洋生态环境具有十分重要的作用。

5.2.5　保障海洋主权和海洋国土安全的需求

我国是海洋大国，党中央作出了建设海洋强国的重大部署。中共中央提出要坚定走人海和谐、合作共赢的发展道路，提高海洋资源开发能力，加快培育新兴海洋产业，支持海南建设现代化海洋牧场，着力推动海洋经济向质量效益型转变。要发展海洋科技，加强深海科学技术研究，推进"智慧海洋"建设，把海南打造成海洋强省。要打造国家军民融合创新示范区，统筹海洋开发和海上维权，加强军民融合，推进军地共商、科技共兴、设施共建、后勤共保，加快推进南海资源开发服务保障基地和海上救援基地建设，坚决守好祖国南大门。

海洋权益属于国家的主权范畴，是国防不可分割的一部分。自 1982 年《联合国海洋法公约》生效以来，各沿海国为获得政治、经济、军事上的有利条件和战略地位，对海洋和海洋资源的争夺日益激烈，海洋权益已经成为沿海国家斗争和争夺的焦点。我国的海洋权益也面临严峻的挑战，与我国海上相邻或相向的 8 个国家都与我国存在海洋争端，有关岛屿主权争端、海域划界争端和海洋资源开发争端等海洋权益争夺日趋激烈，海域被分割，资源被掠夺，我国的合法权益遭到了严重损害。为维护国家海洋权益，我国已经加大海域巡航、渔政执法、海洋维权力度，增加巡航频率，定期巡视我国管辖海域内的全部海岛，强化对东海、西沙、南沙等边远海岛的巡航监视。在属我国的岛屿和海洋区域都需要建立海洋气象观测站点，作为体现和宣誓国家主权的前沿阵地，并提供近海、深海和远海海洋气象服务，这就必须加强海洋气象能力建设研究，为推进海洋气象能力建设提供科学依据。

此外，随着国际贸易的蓬勃发展，我国远洋航线遍布全球，远洋航运的安全保障也日益受到重视。为应对动荡的海洋安全局势，2008 年年底，我国海军第一批护航舰队赴亚丁湾索马里海域开展护航、打击海盗行动，截至 2019 年 8 月，中国海军先后派出 33 批 106 艘舰艇赴亚丁湾、索马里海域执行护航任务，完成 1200 余批 6700 余艘中外船舶伴随护航任务，确保了被护船只和编队自身百分之百安全，为维护地区海上安全和履行国际义务做出了积极贡献。

执行巡航、护航任务，维护国家利益尤其是海上利益越来越重要。此外，我国正在海南省文昌市建设新航天发射基地，这些都迫切需要精细化海洋气象预报和专项服务保障。目前，我国在南海诸岛及东海钓鱼岛等海域的气象观测十分欠缺，也直接影响到上述海域气象预报预警服务的准确性。我国必须通过加强海洋气象能力建设研究，提出科学海洋气象能力建设工程方案，以海、空、岸基综合观测为主要手段，结合卫星工程实施的卫星遥感资料应用，通过精细化的预报预警和及时快捷的服务产品分发，有效实现对海上巡航、护航等执法和维权活动的气象保障服务，为维护我国海上战略通道利益和海上军事斗争准备提供保障服务，其意义至关重要也十分迫切。

5.2.6　保障争取国际海洋气象地位的需求

长期以来，美国、日本和欧洲沿海发达国家依靠良好的经济基础和先进的科学技术水平，已建立起相对完善的海洋气象业务体系，海洋气象观测、预报、服务正朝着全球化方向发展，以满足自身海洋经济发展、远洋航运及军事活动等安全保障的需要。美国 20 世纪 80 年代就建立了全国永久性的海洋立体观测网和国家海洋数据中心，有效地将各种类型的海洋气象观测资料融入到大气和海洋数值模式中，建立了比较成熟的海洋气象数值模式预报系统，具备为各行各业用户提供直观、实用的气象服务产品的较强能力；同时，利用飞机探测台风，使台风预报准确率提升了约 20%。与发达国家相比，我国海洋气象监测预报预警服务能力差距较大，海洋对天气系统发生发展的影响、对东亚和我国季风气候变化的影响机制认识还不够，并因此影响了某些领域的主导权。缺乏全面自主的海洋气象服务产品，过度依赖外国机构提供的服务，将可能受制于人，丧失在海洋气象方面的话语权。

同时，我国承担着为国际海事组织（IMO）全球海上遇险安全系统（GMDSS）提供第 11 责任区的海洋气象广播服务，世界气象组织（WMO）把第 11 责任区的海洋气象预报服务列入中国气象部门的职责范围。目前，我国陆地气象监测预报预警服务能力已经显著提升，而海洋气象监测与预警服务能力还非常薄弱，成为影响这一目标实现的短板。

　　为加强海洋气象能力建设，缩小与发达国家海洋气象领域的差距，我国明确提出了完善海洋气象综合观测系统，提高海洋气象灾害监测预警的精度和覆盖度，建立多手段、全覆盖的海洋气象灾害预警信息发布系统，提高海上气候资源调查研究和开发利用气象服务能力。推进中国-中亚极端天气预报预警合作、中国-东南亚极端天气联合监测预警合作和海洋气象联合监测等项目建设。全面实施海洋气象发展规划，建设海洋气象观测网，发展基于多源资料融合的海洋气象综合监测业务，建立责任海区海上大风、海雾、海浪以及风暴潮概率预报业务，发展全球海洋气象预报模式，建设海洋气象灾害防御体系，形成全球监测、全球预报、全球服务能力，显著提升远洋气象保障能力。加强面向港口作业、海洋油气生产、海上旅游、海洋渔业、海盐和盐化工业等领域的海洋经济气象服务。因此，我国急需加强海洋气象能力建设研究，按照建设气象强国目标，推进海洋气象能力建设，不仅要加快缩小与发达国家海洋气象领域的差距，而且应争取在有些领域实现领跑。

第6章　中国海洋气象能力建设总体设计

海洋气象能力建设总体设计，是指为解决牵涉面广的海洋气象能力工程建设的总体部署而进行的全面规划设计。主要任务是将海洋气象能力建设中的每个单项工程，根据合理、协同、集约、高效的原则，进行统一规划、部署和安排，使整个海洋气象能力建设项目布局紧凑，流程顺畅，经济合理。它是编制涉及海洋气象观测、海洋气象预报、海洋公共气象服务和海洋气象保障系统单项工程建设初步设计的依据。

6.1　海洋气象能力建设总体思路和原则

6.1.1　总体设计思路

海洋气象综合保障工程设计以"创新、协调、绿色、开放、共享"五大发展理念为引领，统筹各海洋气象业务系统协调发展，加强海洋气候监测预测业务促进绿色发展，引入社会资本探索海洋气象公共服务开放发展；以"现有气象业务体系"为基础，瞄准国家需求，适应科学技术发展的要求，加强顶层设计，优化海洋气象业务分工、完善业务布局、整合业务资源；按照"云 + 端"业务模式，建立集约化业务平台，使海洋气象业务系统融入气象大数据云平台，按需扩充基础设施云平台能力，梳理服务产品清单、统一出口，确保海洋天气预警预报信息的权威统一。

根据《海洋气象发展规划（2016—2025 年）》（以下称《规划》）提出的目标、主要任务和建设布局，按照轻重缓急的原则，科学安排，选择最迫切的建设任务优先实施，同时考虑投资需要与可能，将规划任务分为三期实施。其中，建设条件成熟、填补观测空白、需求比较迫切的任务安排提早实施，搭建海洋气象业务体系构架，积累海洋工程建设经验。二期工程重点建立海洋气象业务体系，夯实基础业务能力，提升核心业务水平，增强海洋气象服务效益。三期工程面向国家战略新需求，以完善提升为主，全面实现各项建设目标，业务能力争创国际领先水平。

海洋气象综合保障二期工程围绕基本建立支撑海洋气象强国能力的目标，按照"目标导向、需求导向、问题导向"的原则，气象部门在充分调研的基础上，结合《规划》，形成了二期工程总体设计思路，明确工程设计原则，在此基础上按照工程设计要求，将各项建设任务落实到各业务系统当中，进一步形成工程建设方案。

在建设资金投入方面，中央投资重点用于高性能无人机、探空系统、自动气象站等仪器设备，统一开发部署的业务系统和通信网络平台，以及国家级培训、保障设施等，依托中央投资在各地开展示范、试点建设任务，整体上带动地方资金投入海洋气象工程建设当中，提升预报预警能力，加大对海洋气象建设的投入。同时，充分调动社会各方面的积极性，引导社会资本进入海洋气象监测预报预警服务领域，拓宽海洋气象建设及运行资金来源，推动建立社会资本投入保障机制。

6.1.2　总体设计原则

（1）顶层设计、统筹集约。加强全国海洋气象观测、预报、服务等各环节全流程的顶层设计，做好与中国气象局各项工作部署、发展规划和重大工程项目的有效衔接，适应和符合海洋气象发展规划，统筹部门内外相关资源，加强军民融合共建，建立集约高效的海洋气象业务体系。

（2）服务战略、科技支撑。对标"经略海洋、建设海洋强国""一带一路"、军民融合等国家重大战略，围绕国家战略，依托我国气象科技基础紧跟世界海洋气象科技发展趋势，发展有中国特色的海洋气象业务，设计一流方案，提高工程影响力。

（3）需求导向、问题导向。紧紧围绕国家层面与地方层面的需求、部门与行业的需求、科研与业务的需求进行深入细致、全面覆盖地调研；紧紧围绕各层面、各部门、各行业存在的问题去设计，达到补短板、破瓶颈、弥不足的效果，实现共建、共享、共赢。

（4）全面融合、上下对接。与国家战略、地方发展战略做到全面融合，做好与国家战略对接（与国家、省规划对接），做好与气象新征程的气象强国建设目标对接（阶段目标及对接四大工程），做好与地方发展战略上下对接。

（5）急用优先、重点突出。在有限的期限、有限的经费、有限的资源情况下，实现有限的目标，突出重点的目标和任务，按照轻重缓急，有基础、有地方配套、有数据等资源的建设内容优先安排。

（6）标准先行、指标量化。突出标准，设备、数据、软件甚至场所等做到具有统一性、通用性、可靠性和可控性；突出量化，目标、指标应该具体、量化、做到可考核、可评价、可评估。

（7）合作共享、突出效益。注重通过外交途径实现国家合作共享；注重通过部门合作，建立共建共享机制，提高工程效益。不求所有，但求所用。

（8）系统开放、安全保密。各系统采用标准数据接口，具有与其他信息系统进行数据交换和数据共享的能力；系统采取全面的安全保护措施，具有高度的安全性；对接入系统的设备和用户，进行严格的认证，以保证接入的安全性和保密性；系统支持对关键设备等采取备份、冗余措施，确保系统长期正常、可靠稳定运行。

6.2　海洋气象能力建设总体目标、结构与功能设计

6.2.1　总体目标

到 2025 年，逐步建成布局合理、规模适当、功能齐全的海洋气象业务体系，实现近海公共服务全覆盖、远海监测预警全天候、远洋气象保障能力显著提升，即近海预报责任区服务能力基本接近内陆水平、远海责任区预报预警能力达到全球海上遇险安全系统要求、远洋气象专项服务取得突破、科学认知水平显著提升，基本满足海洋气象灾害防御、海洋经济发展、海洋权益维护、应对气候变化和海洋生态环境保护对气象保障服务的需求。

海洋气象综合观测能力全面提升。构建岸基、海基、空基、天基一体化的海洋气象综合观测系统和相应的配套保障体系，沿岸海区和近海预报责任区海基观测平均站距分别达到 50 km 和 150 km，地基遥感大气垂直探测站网间距达到 100 km，具备离岸 3000~5000 km 空基机动探测能力和高精度全球海表风浪卫星遥感监测能力，实现对大气风、温、湿等要素的连续遥感探测，海洋气象观测全网业务运行监控率和业务检定检准率达到 99% 以上、数据可用率达到 90% 以上。

海洋气象预报能力明显提高。建成海洋气象灾害监测预警系统和海洋气象数值预报系统，近海海区的天气现象、洋面风、能见度等海洋气象要素格点化预报产品和监测分析产品分辨率达到 5 km、时效达到 7 d，西北太平洋和责任海区的相关产品分辨率小于 10 km，全球海洋气候要素监测分析产品分辨率达到 25 km。海上大风、海雾、强对流等灾害性天气监测率达到 90%，预报准确率较前 5 年平均水平提高 5%。台风 24 h 路径预报误差小于 65 km，强度和风雨预报准确率提高 5~10 个百分点。

海洋气象服务能力显著增强。建成多手段、高时效海洋气象信息发布系统，

发布手段进一步丰富，扩大发布覆盖面，基本消除信息盲区，实现我国管辖海域和责任海区无缝隙覆盖。建成专业化的海洋气象服务业务系统，服务产品精细化程度满足涉海重要行业的需求，极大提升我国海洋运输、渔业生产、能源开发、海洋旅游气象保障水平。海洋气象公众服务满意度达到 85% 以上。完成我国管辖海域海洋气象灾害风险普查和区划，初步建立海洋气象灾害防御多部门应急联动机制和风险管理体系，海洋气象灾害带来的生命财产和经济损失得以有效降低。海洋气候资源开发精细化气象保障能力全面提高。

海洋气象设施和资料共享取得突破。实现海洋气象设施的共建共用和统一维护保障，提升海洋气象技术装备保障的时效性，海洋气象数据传输时效和可靠性得到提高，预报服务产品全流程传输时效达到分钟级，构建各海域、各部门、各行业间的海洋气象业务数据共享通道，提供精细化、集约化、专业化共享服务，多部门海洋气象数据共享充分、信息发布统一高效。

6.2.2　总体结构

针对《规划》建设任务，依托气象部门现有业务系统基础和业务运行机制，建设一个开放式、综合性、集约化的海洋气象综合监测预报预警业务系统，主要包括海洋气象综合观测系统、海洋气象预报预测系统、海洋气象公共服务系统和海洋气象装备保障系统四个业务系统，海洋气象信息网络系统依托气象信息化工程，不单独成册，未纳入气象信息化工程的信息网络建设内容融入各系统。上述系统间形成业务联系紧密、有机结合、高效运转的闭环系统。

海洋气象综合观测系统开展海、岸、空、天一体化的海洋气象综合观测，获取近海及海上常规气象要素、能见度、水汽、探空、雷达、雷电等海洋气象观测资料，开展海洋气象观测资料的收集与分发；根据业务分工，开展国家、省（区、市）和地（市）三级的海洋气象装备保障支撑，以保障整个综合观测系统的稳定运行；海洋气象预报预测系统开展海洋气象预报预警和海洋气候预测；利用气象观测资料与预报产品，针对政府决策、国防安全、公众预警、海洋经济行业的需求，海洋气象公共服务系统提供相应的气象服务；同时根据需求，与综合观测系统、预报预测系统形成反馈机制，对各系统运行及时进行调整、补充与完善，形成一个业务上的闭环系统；同时，依托工程开展必要的技术培训、建设综合保障基地，与各部门建立共建共享协作机制，确保工程建设效益的充分发挥，如图 6.1 所示。

按照中国气象局有关气象信息化工作的要求，工程总体架构设计遵循"三统一平"的建设思路，依托气象大数据云平台构建统一的海洋气象数据环境，统一设计满足各业务系统硬件运行需求的基础设施云平台，海洋气象业务应用系统均

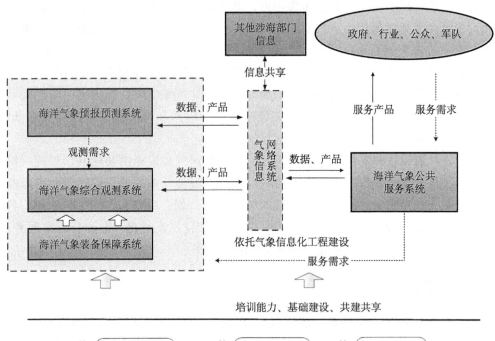

图 6.1 海洋气象综合保障工程业务系统关联示意图

统一融入数据加工流水线，实现海洋气象业务、服务、管理信息组织的扁平化。工程整体架构按层级划分包括服务层、应用层、数据层、运行平台、观测站网、保障支撑等六个层级，以及海洋气象业务标准规范体系、统一运维监控系统、信息安全保障系统等四个配套层级，通过各层级建设落实《规划》既定任务，如图 6.2 所示。

　　其中，观测站网作为海洋气象观测数据获取源，承担岸基、海基、空基、天基海洋气象观测任务。

　　保障支撑以观测保障系统和培训系统为主，通过建设海洋气象综合保障基地、高性能无人机保障平台、海洋气象移动应急保障系统实现对观测站网的有效保障，通过建设海洋气象业务培训平台、海洋气象教育培训基地，开展海洋气象业务能力培训，为整个海洋气象业务体系稳定运行提供支持。

　　运行平台依托气象信息化工程，以信息通信网络、基础设施资源池、专有硬件平台等硬件建设为主，根据需求，提供各业务系统运转所需的计算、存储、传输、终端等资源。数据层以气象大数据云平台（依托信息化工程建设）为核心基础数据支撑平台，满足数据处理、存储、共享、计算、分析需求，对海洋基础资

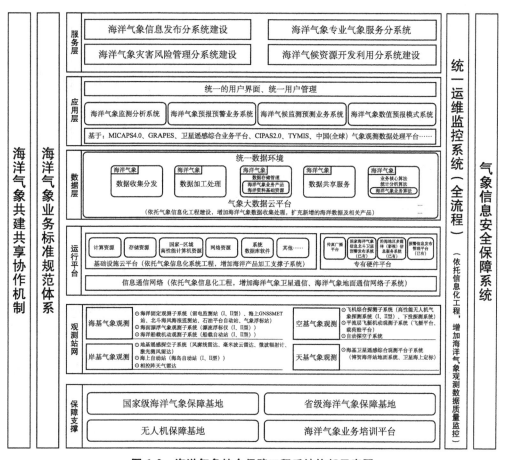

图6.2　海洋气象综合保障工程系统构架示意图

料和业务产品进行统一管理和服务。

应用层以现有气象业务系统/平台为基础，通过新增功能、应用扩展、延伸开发等落实海洋天气监测分析业务系统等有关建设任务。

服务层依托国家突发事件预警信息发布平台，实现海洋气象信息的统一发布，开展近海航线等专业服务，实现对海洋气象灾害风险管理等任务，并依托气象部门现有行业共享系统和气象数据服务门户的通用服务功能，实现信息资源共享。

按照"标准先行"的思路，构建海洋气象业务标准规范体系，建立应用服务类、信息资源类、通用基础类标准、规范、规程等，实现海洋业务体系的标准化、规范化发展。

信息安全保障系统，按照国家信息系统等级保护三级要求，逐步开展气象信息基础设施和海洋气象服务业务系统安全能力建设，提高海洋气象信息系统整体安全防护水平。其中工程建设的各业务系统组成如图6.3所示。

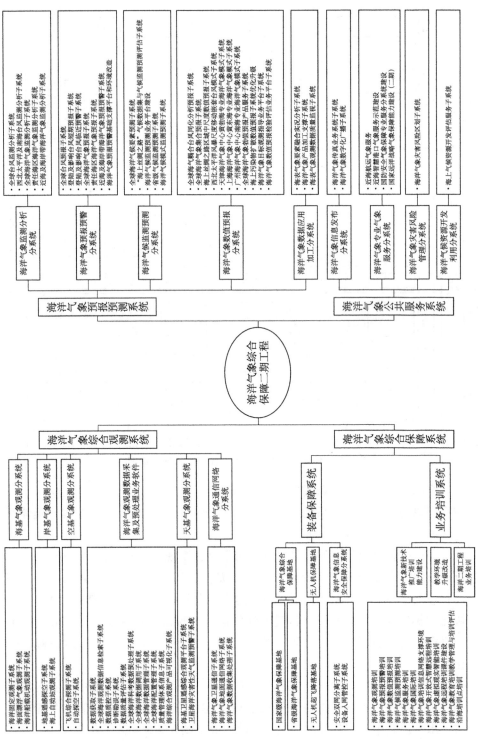

图6.3　海洋气象综合保障工程系统组成示意图

6.2.3　总体功能

海洋气象综合保障工程针对海洋气象灾害以及海洋气象衍生灾害等实现快速、准确、动态的实时监测，通过海洋气象预报预警系统建设，实现对多种海洋灾害性天气事件的动态诊断分析和预报预警功能，基于不同类型的海洋气象灾害监测预报预警基本业务产品，结合其对相关行业影响的特点，开展针对性、专业化、精细化的预报预警服务、灾害影响评估，制作和发布相关的决策、公众和专业服务产品，使海洋气象预报预警服务与政府、涉海部门、公众和行业需求实现统一，为政府和行业管理部门防灾减灾救灾、趋利避害的决策提供重要依据，如图 6.4 所示。

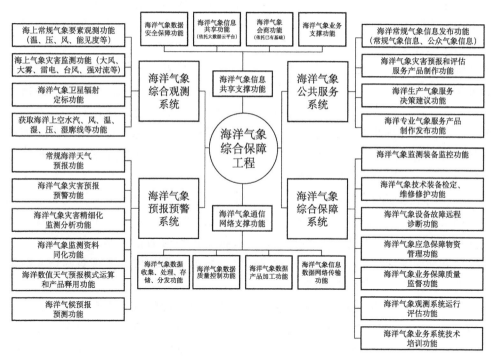

图 6.4　海洋气象综合保障工程总体功能示意图

海洋气象综合观测能力：在我国海岸带及邻近海域、大陆架及近海海域建立岸基、海基、空基观测站（网），结合卫星遥感应用技术等，实现对海上大风、海雾、台风、强对流、海冰等灾害的有效观测，及重点关键海区海洋气象的有效监测；实现在我国近海海域连续、立体的海洋气象观测功能，并对远海、远洋区域具有一定的机动观测能力。同时，能够为天气、气候、气候变化等业务、服务和科学研究提供不同尺度、较高时空分辨率和精度的观测数据，对沿海剧烈天气、重要海洋灾害的气象条件、海气交互和沿海重要经济活动区域的天气变化进行动态监测。

海洋气象预报预警功能：建设结构比较完整、功能比较齐全的海洋气象业务基本框架，实现对海洋常规天气要素和台风、强对流、大风、海雾、海浪、海冰等灾害性天气的精细化监测分析、预报预警、要素预报、概率预报等功能，以及海上天气、气候趋势预测，港口、航线、岛屿等专业天气预报，海浪、风暴潮、海温等海洋要素客观化预报，以及核污染、海洋污染扩散等突发性公共事件的应急天气预报。

海洋气象公共服务功能：利用卫星通信系统、海岸气象信息发布站、海上安全信息播发系统发布海洋气象信息，提供我国责任海域内海洋气象广播服务；构建精细化海洋气象服务体系，基于海洋气象历史和实时信息，制作海洋气象灾害预报和评估服务产品，为各级政府部门和国防部门提供海洋决策气象服务；搭建公众信息综合发布平台，建立全方位、广覆盖的服务渠道，把灾害性天气信息快速准确地传送到各级政府、涉海部门，海上及沿海作业、生活人群，最大限度减少灾害损失，确保生命财产安全，实现海洋气象灾害风险管理；面向海洋经济行业的需求，通过在不同时空尺度上匹配不同用户的数据信息，制作有针对性的服务产品，及时更新发布，采用多种信息类型及渠道，为国际航运安全、海上遇险搜救、海上生产活动、海上资源开发、海洋气候资源开发利用评估、海洋经济开发气候可行性论证等提供气象保障。

海洋气象通信网络支撑功能：针对海洋气象业务需求，增强海洋气象业务的通信网络支撑能力，实现北斗、海事等卫星通信手段的接入，为全球观测提供通信支撑，为各类海洋数据、产品和信息的收集提供地面通信链路支撑，并基于卫星通信和地面通信的支撑能力，开发海洋气象数据收集软件，实现对新增实时海洋观测、探测资料的收集与处理。

海洋气象信息共享支撑功能：依托气象信息化工程的气象大数据云平台，完成海洋气象资料的收集与分发、处理、产品生成、存储检索、共享服务，实现海洋多源融合实况分析功能以及信息系统的必要运行状态监视、安全保障等功能。以集约化虚拟主机为涉海省（区、市）的海洋气象预报预测、公共服务等业务提供基础软硬件支撑，保障海洋气象应用省级的部署运行。

海洋气象综合保障支撑功能：能够开展海洋气象观测设备监控，提供保障技术支持，定期评估海洋观测系统运行效能等业务；能够对海洋气象观测设备进行维修测试、计量检定，能够对重大设备进行远程故障诊断。具备开展海岛、岛礁、石油平台等海洋气象业务装备定期巡查、定时维护、移动检修，突发故障快速响应和及时排除等功能；对海洋气象应急保障物资进行数字化流程管理；能够开展海洋气象业务保障质量监督评估，并对海洋气象业务人员进行系统化、科学化的业务技术培训。

6.3 海洋气象能力建设总体布局与流程设计

6.3.1 海洋气象能力建设总体布局

在2020年以前一期工程建设的基础上，二期工程建设布局范围涉及天津、河北、辽宁、吉林、上海、江苏、浙江、福建、山东、广东、广西、海南12个涉海省（区、市）气象部门，以及渤海、黄海、东海、南海、图们江入海口等我国管辖海域，依托我国在"一带一路"建设中的战略支点、平台资源和远洋海运商船等，布设海洋气象观测站，覆盖范围向海洋方向明显延伸，海洋气象服务能力明显改进。

6.3.1.1 海洋气象综合观测系统布局

二期工程建设范围涉及多个沿海省（区、市），渤海、黄海、东海、南海等我国管辖海域，依托商用船只，观测能力覆盖所有航线区域，将观测能力延伸到远海和远洋。按照"发展智慧气象，构建'四大体系'，全面推进新时期气象现代化"的总体战略要求，海洋气象二期工程建设突出目标导向，形成海、岸、空、天四位一体、动静结合（固定站点和移动观测）、综合立体的海洋气象综合观测能力。整体布局情况见表6.1。

表6.1 海洋气象综合观测系统建设布局

序号	分系统	国家级	省级	台站级
1	海基气象观测分系统	√	√	√
2	岸基观测分系统		√	√
3	空基观测分系统	√	√	√
4	海洋气象观测数据采集及预处理业务软件	√		
5	天基气象观测分系统	√	√	
6	海洋气象通信网络分系统	√	√	

6.3.1.2 海洋气象预报预测系统布局

海洋气象预报预测系统将按照国家级、区域中心级、省级和地（市）级四级进行布局建设：国家级海洋气象业务单位为国家气象中心和国家气候中心；区域中心级海洋气象业务单位为天津海洋中心气象台、上海海洋中心气象台和广州海洋中心气象台；省级气象业务单位为 8 个沿海省（区）（辽宁、河北、山东、江苏、浙江、福建、广西、海南）的海洋气象台及吉林省气象局等。具体的海洋气象预报预测系统布局见表 6.2。

表 6.2　海洋气象预报预测系统建设布局

序号	分系统	国家级	区域级	省级	地市级
1	海洋气象监测分析分系统	√	√	√	√
2	海洋气象预报预警分系统	√	√	√	
3	海洋气候监测预测分系统	√	√	√	
4	海洋气象数值预报分系统	√	√		
5	海洋气象数据应用加工分系统	√	√	√	

6.3.1.3　海洋气象公共服务系统布局

海洋气象公共服务系统国家级布设在公共气象服务中心、国家气象中心和国家气候中心等，区域级包括广东、上海、天津 3 个区域中心，省级包括广西、海南、福建、浙江、江苏、山东、河北、辽宁、吉林 9 个涉海省（海洋气象台）和计划单列市，计划单列市其系统部署在省局大数据云平台，地市级应用。整体布局情况见表 6.3。

表 6.3　海洋气象公共服务系统建设布局

序号	分系统	国家级	区域级	省级	地市级 （计划单列市）
1	海洋气象信息发布分系统	√	√	√	
2	海洋气象专业气象服务分系统	√		√	√
3	海洋气象灾害风险管理分系统	√		√	
4	海洋气候资源开发利用分系统	√		√	

6.3.1.4　海洋气象综合保障系统布局

（1）海洋气象装备保障系统建设，包括海洋气象综合保障基地和无人机保障基地组成，涉及中国气象局、涉海 12 个省（区、市）、4 个计划单列市和内陆 1 个省。根据海洋气象观测系统布局规划和海洋气象一期建设成果，统筹考虑现有气象装备保障业务体系架构，建成满足海洋气象观测系统稳定运行及开展海洋气象观测和试验需要的新的装备业务布局。整体布局情况见表 6.4。

表 6.4　海洋气象装备保障系统建设布局

序号	分系统	国家级	省级
1	海洋气象综合保障基地	√	√
2	无人机保障基地	√	√
3	海洋气象信息安全保障	√	√

（2）海洋气象业务培训系统，海洋气象综合保障工程项目培训能力建设拟在中国气象局气象干部培训学院与分院及省级培训中心开展，包括培训能力建设和海洋气象业务培训 2 大类建设内容。海洋气象业务培训由中国气象局气象干部培训学院统筹设计，在中国气象局气象干部培训学院和相关分院分别实施。整体布局情况见下表 6.5。

表 6.5　海洋气象业务培训系统建设布局

序号	分系统	国家级	省级
1	海洋气象综合保障工程项目培训能力建设	√	√
2	海洋气象业务培训	√	√

6.3.2　海洋气象信息总体流程

总体上，各类观测站点的观测数据通过地面宽带网（其中无人值守观测站通过 GPRS/CDMA 或北斗卫星）收集上传至省气象信息中心，通过卫星广播或宽带网分发。各级气象业务部门制作的各类预报、服务产品在传至同级数据中心的同时，向下分发。

海洋气象信息上行流程：各类海洋气象数据和产品传往站点所在省的省级中心，再由各省级中心上传至国家级中心，同时，各省级中心将各类海洋气象数据上传至所属的区域级中心，其中北斗/海事收集的观测数据直接上传国家级中心。

海洋气象信息下行流程：国家级中心向各省级中心实时分发国家级收集的各类海洋气象数据（包括该省级中心周边的邻近省），及国家中心产生的各类海洋气象产品；区域级中心向本区域所辖各省级中心实时分发本区域中心产生的海洋气象产品。

共享流程：以实时信息共享分发的方式满足高时效共享服务需求，以信息检索方式满足一般时效的共享服务需求。其中，实时信息共享分发以各级中心对本地用户服务为主，分发的信息主要包括各级中心实时收集的各类海洋气象数据和其生成的产品；此外，国家级中心通过卫星广播网，向全国用户广播各类海洋气象产品（图6.5）。

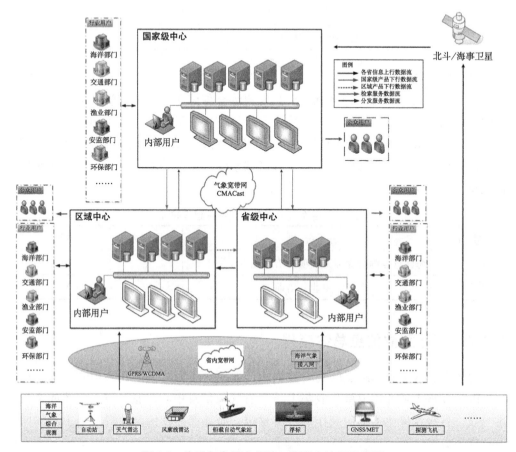

图6.5　海洋气象综合保障工程信息流程示意图

6.3.3　海洋气象信息网络定级

按照网络安全等级保护制度和相关标准要求，初步确定海洋气象综合保障工程（二期）中所建各系统的网络安全等级保护级别，并在海洋气象综合保障工程（二期）中对各系统按照网络安全等级保护标准开展设计与建设，建成后各系统符合相应的网络安全等级保护标准要求。其中，海洋气象综合观测系统、海洋气象预报预测系统、海洋气象公共服务系统、海洋气象装备保障系统等核心业务系统网络安全等级保护级别确定为第三级；海洋气象业务培训系统网络安全等级保护级别确定为第二级。各系统网络安全等级保护级别具体见表6.6。

表 6.6　各系统网络安全等级保护定级

序号	系统	分系统	安全等级（保护级别）
1	海洋气象综合观测系统	海基气象观测分系统	三级
		空基气象观测分系统	三级
		海洋气象观测数据采集及预处理业务软件	三级
		天基气象观测分系统	三级
		海洋气象通信网络分系统	三级
2	海洋气象预报预测系统	海洋气象监测分析分系统	三级
		海洋气象预报预警分系统	三级
		海洋气候监测预测分系统	三级
		海洋气象数值预报分系统	三级
		海洋气象数据产品加工分系统	三级
3	海洋气象公共服务系统	海洋气象信息发布分系统	三级
		海洋气象专业气象服务分系统	三级
		海洋气象灾害风险管理分系统	三级
		海洋气候资源开发利用分系统	三级
4	海洋气象综合保障系统		
4.1	海洋气象装备保障系统	国家级海洋气象观测全网监控能力建设	三级
		国家级海洋气象观测质量管理能力建设	三级
		海洋气象信息安全保障分系统	三级
4.2	海洋气象业务培训系统	海洋气象观测培训系统	二级
		海洋气象预报预警培训系统	二级
		海洋气象数值预报培训系统	二级
		海洋气候监测预测培训系统	二级
		海洋气象服务培训系统	二级
		海洋气象国际培训系统	二级
		海洋气象开放式智慧远程培训系统	二级
		海洋气象虚拟现实智能培训系统	二级
		海洋气象教育培训教学管理与培训评估分系统	二级

第7章 中国海洋气象能力建设主要任务

我国海洋气象能力建设总体设计，对未来我国海洋气象观测、海洋气象预报、海洋气象公共服务和海洋气象保障系统建设进行了系统设计，为推动总体设计的实施则需要提出更加具体的建设任务和实施举措。

7.1 海洋气象观测能力建设

7.1.1 海洋气象观测建设目标

到 2025 年，构建岸基、海基、空基、天基一体化的海洋气象综合观测系统，沿岸海区和近海预报责任区海基观测平均站距分别达到 50 km 和 150 km，地基遥感大气垂直探测站网间距达到 100 km，具备离岸 3000～5000 km 空基机动探测能力和高精度全球海表风浪卫星遥感监测能力，实现对大气风、温、湿等要素的连续遥感探测。

在第一期海洋气象观测建设目标基础上，实施第二期建设目标：即基本建立由海基、岸基、空基和天基多种平台多种观测手段组成的海洋基本气象观测网，部分技术指标达到或超过发达国家水平，发展成为全球海洋气象探测强国。构建由海基（近海和远海及关键海区海洋基本气象观测、海面机动目标观测）、岸基（地基遥感探空和海上自动气象站等）、空基（无人机气象观测、自动探空站构成的对流层和平流层观测系统）、天基组成的一体化的全球海洋气象综合观测系统和相应的业务体系，使海洋气象综合观测能力大幅提升、服务于国家防灾减灾和"一带一路"建设。

沿岸海区和近海预报责任区海基观测平均站距分别达到 50 km 和 150 km、地基遥感探空观测站网间距达到 200 km，实现对从岸基 200 km 至近海的大气风、温、湿、云等要素的连续遥感探测；空基具备离岸 1500 km 机动探测能力，实现机动范围内大气廓线观测；海基实现从近海延伸至远海气象基本观测能力，填补我国远海观测的空白，建设海洋漂流浮标观测，实现对海上大风、台风及灾害性天气的针对性观测，建设船载自动气象站，具备在全球主要航线上获取基本气象信息的能力；天基实现整合多种国外气象卫星数据和产品，观测产品覆盖全球海洋，形成上百种的观测数据集。海洋气象综合观测网建成后，使我国海洋灾害性天气的协同观测时效比现在单一观测优化 50%，整体观测可用率达 85% 以上，产品时效达分钟级或小时级。

海基气象观测：近海雷电监测站网覆盖范围向海洋延伸 70 万 km²，加密探测网内四站以上探测精度提高到 500 m；海上 GNSS/MET 观测站建设将整层大气水汽总量及电离层电子浓度探测由陆基向海洋方向推进 60 km；石油平台自动气象站和气象浮标站将观测覆盖范围向海洋方向推进 50 km 以上，使近海海域自动气象观测站间距小于 100 km；在影响我国的南海季风区和西北太平洋等关键海区，以漂流浮标仪为载体，开展海洋气象观测，实现具备累计超过 100 万 km² 海面的气象观测数据获取能力；在商业航运船和工程测控船舶上安装船载自动气象站，建设国家海运航线基本气象观测能力，实现气象观测产品实时传输和船舶上落地显示，将我国气象观测能力拓展到全球部分重点海域。

岸基气象观测：沿 1.8 万 km 海岸线，向内陆延伸 200 km，覆盖面积达到 100 万 km²，实现占 10% 国土面积、80% 沿海城市面积的有效观测覆盖。地基遥感探空站间距达到 100 km，能够获取 4 条大气垂直廓线数据（温度、湿度、水凝物和风），垂直空间分辨率达到 30 m，融合后的数据时间分辨率达到 6 min。

在 12 个涉海省份，总货物吞吐量在 5000 万 t 以上或重点自由贸易区相关港口，开展海上自动气象站建设，使我国海雾监测沿 1.8 万 km 的海岸线，向海面主航道上延伸 15 km，海雾监测覆盖面积增加 2.5 万 km²，覆盖所有港口主航道的 90%，垂直高度包含整层雾厚度，水平分辨率达到 5 m，时间分辨率于达 1 min，获取半径 15 km 范围内的高分辨率水平能见度分布和三维团雾结构。

空基气象观测：实现现有南海、东海部分沿海探空站网探测覆盖范围向海洋延伸 300 km。每天在海洋区域（08 时、20 时）增加 24 条下投探空廓线，并实现在高度 25 km 左右，8 h 以上平流层温度、湿度、气压和风的连续监测；无人机气象观测实现 5~8 h 内覆盖我国南海及 50% 陆地面积，每年开展海上台风和南海季风及气象应急观测，实现对领海区域及海洋气象目标温、湿、压、风及云、雨等气象要素连续探测。为国家"一带一路"、灾害救援等重大活动提供高机动性应急气象保障。与卫星观测形成有效互补，实现对卫星载荷的观测校验。

天基气象观测：天基气象观测分系统重点解决全球范围内卫星海洋观测数据获取、处理，发挥海洋卫星遥感资料在海洋防灾减灾中的作用。在充分利用现有业务能力的基础上，建设天基海洋气象新型遥感观测定制化平台，用于海上定标、卫星数据处理真实性验证、新型卫星 GNSS-R 遥感数据地面处理和验证；建设卫星海洋灾害性天气要素监测相关数据集系统，用于多源卫星数据获取、数据质量控制和检验、数据时空匹配和格点化、灾害性天气相关要素多源数据提取、检索与展示，加强全球天基海洋气象监测分析服务能力建设。

第三期目标是，在我国各海域完善海基气象观测站网，完成岸基气象观测系统升级改造，全面完成海基、空基和岸基一体化的海洋气象观测网建设。

7.1.2　海洋气象观测建设布局

海洋气象综合观测建设范围涉及多个沿海省（区、市），渤海、黄海、东海、南海等我国管辖海域，依托商用船舶观测能力覆盖航运干线海域，将观测能力延伸到及远海和远洋。按照"发展智慧气象，构建'四大体系'，全面推进新时期气象现代化"的总体战略要求，工程建设突出目标导向，形成海、岸、空、天四位一体、动静结合（固定站点和移动观测）、综合立体的海洋气象综合观测能力。

7.1.2.1　海基气象观测布局

海基气象观测中根据载体和平台可分为移动和定点观测，其中，定点观测主要包括海洋固定观测中建设的雷电监测站、海上 GNSS/MET 观测站、石油平台自动气象站和浮标气象站（站上气象设备），主要分布在海上多种固定平台和锚系浮标上；海面漂浮观测子系统以漂流浮标仪为载体，主要实现对中国近海、公海责任区以及南海海区、西北太平洋等关键海区和重要气候区开展自主漂流气象观测；依托商业船舶开展海洋船载机动观测，主要根据航行路线开展全球航线上的气象观测，具体航线主要包括黄渤海（河北黄骅）到北部湾航线、太平洋航线（美国、墨西哥等）、欧洲航线（西班牙、希腊）、亚太航线（日本、韩国）、拉非航线（苏伊士等）、东南亚及南亚航线（菲律宾、新加坡等）。整体布局方案如图 7.1 所示。

7.1.2.2　岸基气象观测布局

在天津、河北、辽宁、吉林、上海、江苏、浙江、福建、山东、广东、广西、海南涉海省（区、市），建立沿海岸线（向内陆延伸 100 km）空间间隔不大于200 km 的地基遥感探空系统，包括建设 14 套风廓线雷达、1 部激光测风雷达、38套微波辐射计（增强型）和 19 套毫米波云雷达。具体如图 7.2 所示。

涉及环渤海、长江三角洲、东南沿海、珠江三角洲和西南沿海等 5 大港口群及主要近海航道，选取港口总货物吞吐量在 5000 万 t 以上或重点自由贸易区相关的23 个港口和国际邮轮码头及 79 个浮台和岛礁上布设海上自动气象站，提高对海雾的预报水平和监测能力。具体布局如图 7.3 所示。

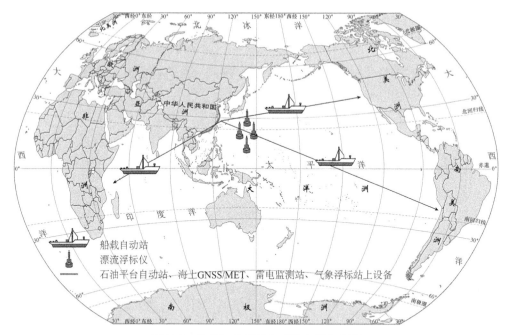

图 7.1　海基气象观测分系统布局示意图

7.1.2.3　空基气象观测布局

无人机布局以"5~8 h 内覆盖领海"（离岸 1500 km 左右覆盖）为目标，在四川成都及海南博鳌部署无人机保障基地。其中，四川成都为维护保障中心基地，兼顾沿海既有机场。本期重点建设四川成都专项飞机基地及海南博鳌专项基地。以最大能力向海洋上延伸的原则，在南海、东海区域现有探空站建设 4 套自动探空系统，在此基础上再建立渤海、黄海、东海和南海离岸 300 km 以上海洋区域基于卫星导航智能探空业务观测能力，每天（08、20 时）在海洋区域增加 24 条下投探空廓线（占比现有大陆探空系统的 5%），及 24 组离度 25 km 左右提供 4 h 以上平流层温度、湿度、气压和风的连续监测。由海洋气象机动观测业务指挥软件观测指挥，并进行数据产品处理、观测模式调整和控制等。

7.1.2.4　海洋气象观测数据采集及预处理业务软件布局

海洋气象观测数据采集及预处理业务软件布设在中国气象局气象探测中心，用于数据的质量控制、观测模式的调整、基本观测产品的反演、产品集成、数据展示等。

7.1.2.5　天基气象观测布局

天基遥感观测的定制化硬件平台安装在博贺站，对应的定制化软件部分部署

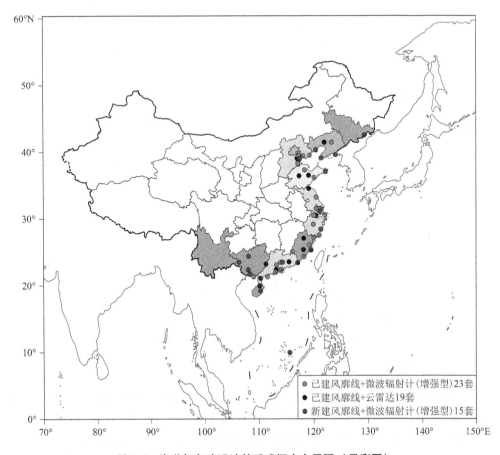

图 7.2　海洋气象建设地基遥感探空布局图（见彩图）

在国家卫星气象中心及博贺站。卫星海洋灾害性天气要素监测实现国家级和区域级、省级部署，建成后部署在国家卫星气象中心，部分部署在国家气象中心，以及天津、河北、辽宁、上海、江苏、浙江、福建、山东、广东、广西、海南沿海省（区、市）气象局。

7.1.3　海洋气象观测建设内容

海基气象观测：依托海上固定平台或其他涉海部门锚系浮标，安装气象观测设备，实现洋面上气象信息定点观测，具体为：在环渤海、东海、南海海域及近岸，新建 52 套雷电监测站、26 套海上 GNSS/MET 观测站、30 套石油平台自动气象站、67 套浮标气象站，弥补海洋气象预报和灾害监测能力不足，进一步填补海上气象监测空白区；建设 233 套漂流浮标仪，具备中、远海域洋面气象观测能力；

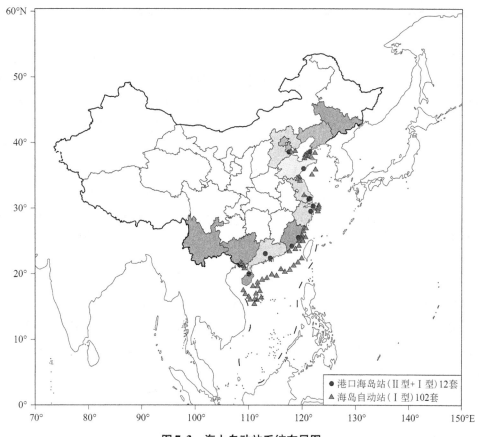

图 7.3　海上自动站系统布局图

在现有航运船舶中遴选出 100 艘，安装船载自动气象站。

岸基气象观测：以沿海 100~200 km 间隔，增加建设 14 套风廓线雷达和 1 套激光测风雷达，与风廓线雷达同址建设 38 套微波辐射计（增强型），获取 4 条垂直廓线观测数据，与已建成风廓线雷达同址建设 19 套毫米波云雷达等，实现从单一要素的廓线遥感探测到综合廓线遥感探测的转变，为沿岸海气交换研究和应用提供重要资料源。

选取总货物吞吐量在 5000 万 t 以上或重点自由贸易区相关的 23 个港口和邮轮码头以及 79 个浮台和岛礁，布设 114 套海岛自动气象站（Ⅰ型），另外在 12 个港口建设 12 套海岛自动气象站（Ⅱ型）实现对海上大雾的监测。

空基气象观测：购置 1 套基于高性能气象专用无人机的气象观测系统和 1 套下投式探空系统。其中，高性能无人机气象观测系统配备机载气象雷达、下投式探空系统、机载温湿廓线仪、机载多普勒激光测风雷达、机载 GNSS 与海洋反射信号综合观测设备、多通道地物光谱仪和相应的无人机专用地面站。购置 500 个下投式探空仪。

在遭受台风灾害严重的南海、东海 4 个沿海业务探空站建设 4 套自动探空站，系统配备 4 套自动探空装备，内含 4 套多通道卫星导航探空仪信号接收装置、4 套新型基测箱、4 套智能高空集成处理器和 20 套测试用探空耗材；对渤海、黄海、东海 8 个沿海业务探空站进行海洋智能探空站升级改造建设，购置 8 套多通道卫星导航探空仪信号接收装置、8 套智能高空集成处理器和 8 套新型基测箱；此外，在上述站点周边配备建设 24 套多通道卫星导航探空仪信号接收装置作为中继，实现探空业务的自动化、智能化的无缝隙观测，此外，通过配置试验测试用耗材（探空仪、智能熔断装置和探空气球等），形成具备覆盖我国近海区域（离岸 300 km）探空加密观测能力，每日 08、20 时自动开展两次"上升 – 平漂 – 下降"三段式海洋区域探空观测。

开发海洋气象机动观测作业指挥软件，包括海洋机动观测数据采集与分发、海洋机动观测数据质控与处理、海洋机动观测数据支撑环境、海洋机动观测作业条件分析、海洋机动观测作业方案设计、基于 VR 的作业方案仿真模拟、海洋机动观测多级协同作业指挥、海洋机动观测作业评估、海洋机动观测作业任务个例、海洋机动观测数据共享等功能。

海洋气象观测数据采集及预处理业务软件：建设 1 套海洋气象观测数据处理系统，包括数据获取调用、全球海洋观测数据质控、全球海洋观测数据诊断勘误、海洋综合观测产品加工及可视化、全球海洋观测数据质量评估、全球海洋科考数据整理、全球海洋观测数据分析校验、全球海洋观测信息检索、全球海洋观测数据推送、质量管理体系信息等功能。

天基气象观测：天基气象观测分系统重点解决全球范围内卫星海洋观测数据获取、处理、应用支撑，发挥海洋卫星遥感资料在海洋防灾减灾中的作用。在充分利用现有业务能力的基础上，建设 4 个海基卫星遥感综合观测平台，开展卫星在轨科学试验，验证 GNSS – R 载荷的功能与性能，研究其在海面风场、海面高度等环境要素探测方面的应用能力，拓展 GNSS 技术的应用领域，推动我国 GNSS – R 技术的发展。基于我国气象卫星海上辐射定标设备，开展针对海洋应用的定标与产品检验系统建设，为今后生成多种卫星海洋监测产品提升反演产品精度，并可利用海基、岸基观测数据开展真实性检验，提供用户服务。建设卫星海洋灾害性天气要素监测相关数据集，开展多源卫星数据获取、数据质量控制和检验、数据时空匹配和格点化、灾害性天气相关要素多源数据提取、检索与展示，增强对全球海洋气象的监测服务能力。

7.2　海洋气象预报能力建设

海洋气象预报预测能力建设是海洋气象综合保障能力的重要组成部分，一般由海洋气象监测分析能力、海洋气象预报预警能力、海洋气候监测预测能力和海洋气象数值预报能力等部分构成。

7.2.1　海洋气象预报能力建设目标

7.2.1.1　海洋气象监测分析能力建设目标

建设全球台风监测分析能力，构建基于大数据的全球台风基础数据集，为全球台风预报和海洋气象预报服务提供历史参考样本；搭建基于多源卫星资料的全球台风监测平台，为全球台风实时业务定位定强提供卫星产品支撑。实现基于人工智能的多参数台风强度客观估计分析；改进基于静止气象卫星相当黑体亮度温度（Black Body Temperature，TBB）资料的台风风圈半径反演监测算法，提高对台风风圈半径的分析能力。

建设全球海洋气象监测分析能力，开发我国近海高分辨率（离岸距离小于 10 km、风单元网格分辨率小于 12.5 km）海面风场产品；在海洋气象工程一期的基础上，将海上大风监测范围拓展至海上丝绸之路沿线海域，构建全球海域 8 级以上大风实时监测分析业务；优化基于卫星观测数据的中国近海海雾监测方案，将海雾监测范围扩展至海上丝绸之路沿线海域和北太平洋；建设我国近海及海上丝绸之路沿线海域海上强对流系统监测分析业务，实现对我国近海及海上丝绸之路沿线海域短时强降水和雷暴大风等强对流天气精细化监测；综合利用多源卫星遥感观测资料，建设全球海浪监测融合应用系统，制作准实时、高分辨率、高精度的全球海浪融合分析产品。

建设责任区海洋气象监测分析能力，基于我国责任海区海洋气象预报服务任务分工，构建和完善基于多源观测资料的黄渤海、东黄海、南海和图们江入海口附近海域海洋气象监测分析业务。

建设近海及海岸带海洋气象监测分析能力，根据我国近海及海岸带的地域和服务需求差异，建立和完善辽宁沿海经济带、河北重点港口及涉海景区、山东半岛蓝色经济区、江苏海洋滩涂与风电区、浙江渔场及岛际交通带、台湾海峡蓝色产业带、北部湾经济带和琼州海峡及南海重点岛礁等近海及海岸带海洋气象监测业务体系，以满足我国蓝色海洋经济发展、资源开发、权益维护和生态保护的特色服务需求。

7.2.1.2　海洋气象预报预警能力建设目标

海洋气象预报预警能力建设，一是要建设全球台风预报能力，其中包括基于深度学习技术，构建利用多模式集合预报的台风路径智能订正预报能力，实现对西北太平洋和南海台风的智能订正预报，并发布逐小时滚动更新、未来 120 h 的台风路径客观预报，供业务预报使用；基于台风移速、所在经纬度、最大风速，结合台风气候特征预报台风四象限风圈半径；根据人工智能优选方法得到台风生成预报客观产品；利用 GRAPES-GFS、欧洲、日本和美国的模式预报数据，对西北太平洋和南海生成的台风进行大风袭击概率计算，并实现自动分类出图；利用集合预报成员优选技术、客观降水订正技术及台风降水智能最优集成和主、客观校正融合技术等，完善台风精细化暴雨预报；实现北印度洋及孟加拉湾风暴路径、强度及影响我国西南地区的孟加拉湾风暴的风雨预报，形成预报效果评估功能；利用优选数值模式集合成员（TYTEC）技术，使用深度学习算法计算全球热带气旋预报订正产品，实现全球热带气旋路径、强度预报，形成智能化公报生成及编辑系统。

二是要建立形成登陆及影响台风短期预报能力，包括影响上海的台风临近预报预警能力建设，实现临近台风的预报预警业务智能化、自动化、一体化业务；针对登陆及影响华南台风预报，通过对台风路径预报订正、近海台风强度突变预报，在台风历史个例库的支持下，进行台风预报预警、精细风雨预报预警能力建设；发展中高纬变性台风预报预警能力，对其转向后的路径预报、变性过程中的强度预报、与中高纬度西风带系统作用后所导致的暴雨及大风预报形成技术支撑；针对进入 30°N 以北的北上台风，提升对该类台风路径、结构及其风雨影响的监测分析和预报预警产品的精细化水平，提高预报预警的精准度，提升防台减灾的服务能力。

三是要建设登陆及影响台风临近预警能力，包括提升浙江台风的临近预报能力，包括台风的路径、强度和风雨影响，升级浙江省台风预报预警业务；结合福建台风暴雨影响特点，深度挖掘多源气象观测数据，建立基于雷达回波知识认知图谱，获取台风暴雨特征因子形成台风暴雨临近预报模型，依托大数据环境实现预报模型智能识别，开展基于大数据学习基础上的台风暴雨临近预报，提供定点、定量、定时台风暴雨影响临近预报产品，提高福建省临近台风预报预警能力；针对影响广西的台风，优化进入北部湾台风路径预报技术、改进台风风雨精细化预报业务，完善台风实时监测预报预警平台，开展北部湾经济区台风灾害风险评估。

四是要建设全球海洋气象预报能力，包括建立形成全球海洋气象要素智能网格预报，形成面向全球主要海域的、预报时效达 10 d、满足全球航运活动需求的、融合主客观预报、支持滚动订正、诸要素相互协调的海洋气象智能网格预报系统；开展全球海域海上大风预报能力建设，包括中国近海海上大风预警以及海上丝绸之路海上大风预报。构建全球海域海雾预报，发展中国近海海雾预警及北太平洋海雾预报能力。

五是要建设责任海区海洋气象预报能力，包括建立形成基于大数据分析的黄、渤海海洋气象智能预报以及基于智能网格预报的黄、渤海海洋气象灾害影响预报能力，为黄、渤海海洋气象预报等核心业务提供重要支撑；依托现有高分辨率海洋气象数值模式产品以及人工智能技术方法，建立针对东、黄海区域的海洋气象智能网格业务，发展海洋气象要素概率预报业务，提供高分辨率的灾害性海洋气象精细化预报产品；针对南海多灾种、多发性的天气进行海洋气象预报，建设形成重点面向影响南海海上航行、作业等行为的气象条件预报预警能力；发展图们江入海口海上大风、北上台风、强对流天气以及海冰等灾害性要素预报能力。

六是要建设近海及海岸带海洋气象预报预警能力，包括发展辽宁沿海经济带精细化预报、辽宁沿海经济带港口专项预报预警、东北亚航运中心（大连）海洋气象预报预警能力；针对河北省海洋服务的需求，以无缝、精准、智能为发展方向，对接海洋智能网格预报建设，完善河北省海洋气象预报业务技术体系，发展河北重点港口及涉海景区海洋气象预报预警能力；实现山东半岛蓝色经济区海洋气象预报预警能力得到明显提升，海洋气象预报精细化程度显著提高，沿岸海区突发强对流天气预警时效缩短至 30 min，海上大风与海雾预报准确率稳步提升，基本满足山东半岛蓝色经济区海洋气象灾害防御、海洋生态环境保护、海洋经济生产和"平安海区""海上粮仓"建设需求；提升现有的江苏海洋气象预报预警能力，并扩展海洋气象专业预报能力，重点针对江苏海洋滩涂区域涉海经济活动与风电场作业提供海洋气象预报预警产品；建立基于智能网格的信息化、集约化、标准化的浙江海洋气象预报业务，重点提升对渔场和岛际交通高影响天气预报预警能力；紧密结合福建海洋经济发展规划，对接福建海峡蓝色产业带建设需求，涵盖港湾、海岛、渔场等不同服务对象的气象预报预警任务，提升面向不同对象的海洋气象精细化预报预警能力；针对北部湾重点港口航线交通、红树林生态、海产养殖气象保障需求，开展精细化气象要素格点预报与卫星反演风场融合释用订正技术研究，格点预报与港口、航线预报服务产品转换的技术研究，建设海洋精细化气象格点预报订正平台等，发展北部湾经济带海洋气象预报预警能力；面向海南省地方预报预警服务对象，发展基于智能网格的信息化、集约化、标准化、精细化的琼州海峡及南海重点岛礁海洋气象预报预警能力。

七是要建设海洋气象预报预警基础支撑平台和环境改造能力，包括建设台风海洋一体化业务平台升级，并完成各省份本地化应用建设，在各省份分级部署，建设海洋气象检验平台和全球台风预报检验平台等。

7.2.1.3　海洋气候监测预测能力建设目标

（1）面向国家发展需求和国际科技前沿，发展全球海洋气候要素监测预测业务，在海洋气候模式同化资料和预测产品基础上，开发全球海温、海面风、OLR、次表层海温和北极/南极海冰监测预测业务功能和产品，支撑全球气候监测预测业务的开展。

（2）收集"海上丝绸之路"相关气象和卫星观测资料，建立长时间序列海洋气候数据集，开发多源数据融合技术，建立"海上丝绸之路"海面风、海浪、海雾、海冰、热带气旋（西北太平洋）等月、季、年尺度监测评估技术，不同重现期大风计算，并完成多要素综合制图。

（3）在 CIPAS 等系统的基础上，整合集成"海上丝绸之路"气候数据集和海洋气候监测评估、海洋气候模式同化和预测产品等业务应用功能，构建集约化、智能化的海洋气候监测预测业务平台。

（4）不断升级完善国家气候中心的海洋气候模式，对海洋资料同化进行评估，实现海洋气候模式预测系统的结果显示，提供全球海洋气候预测产品。通过海洋模式、海冰模式向业务化应用的发展，建立功能完备、性能提升的海洋模式系统，开展海洋气候模式预测业务。该系统围绕客观化的海洋气候预测业务需要，评估海洋模式和海冰模式的性能，对海洋海冰资料进行同化应用，生成海洋、海冰同化产品，对预测结果进行后处理，生成模式预测产品。

7.2.1.4　海洋气象数值预报能力建设目标

海洋气象数值预报能力建设需要构建考虑海气耦合的全球大尺度模式、区域中尺度和特定海区小尺度数值预报模式组成的多尺度海洋数值预报模式体系，不仅可以提供全球海洋、海上丝绸之路、核及环境应急响应数值预报产品服务，还可以提供海洋气象集合预报概率产品服务，并通过建设台风目标观测指导业务平台，为海洋气象监测提供支撑。全球大尺度数值预报水平分辨率应达到 16 km，集合预报系统达到 25 km；"海上丝绸之路"区域中尺度数值预报水平分辨率应达到 3 km，区域集合预报系统 10 km；关键区域专业海洋气象模式水平分辨率达到 1~3 km。将海洋模式本地化，并完成与大气模式的耦合试验，建立移动嵌套网格功能。建立洋面溢油和洋流污染物扩散预报平台，提供溢油和洋流核及危险化学品的扩散产品。

7.2.2　海洋气象预报能力建设布局

7.2.2.1　海洋气象监测分析能力建设布局

全球台风监测分析能力、西北太平洋及南海台风监测分析能力和全球海洋气象监测分析能力部署在国家气象中心，责任海区海洋气象监测分析能力部署在天津海洋气象中心、上海海洋气象中心、广州海洋气象中心和延边州气象局，近海及海岸带海洋气象监测分析能力部署在辽宁、河北、山东、江苏、浙江、福建、广西和海南等省（区）气象局及相关业务单位。

7.2.2.2　海洋气象预报预警能力建设布局

全球台风预报能力、全球海洋气象预报能力以及国家级台风海洋一体化业务平台升级（TYMIS 2.0）部署在国家气象中心，台风路径整编和灾害风险分析、登陆及影响台风短期预报能力、登陆及影响台风临近预警能力、责任海区海洋气象预报能力、近海及海岸带海洋气象预报预警能力、台风海洋一体化平台本地化部署及功能扩展应用分别部署在吉林、广东、天津、辽宁、河北、山东、江苏、浙江、福建、广西和海南等省（区）气象局及相关业务单位。

7.2.2.3　海洋气候监测预测能力建设布局

全球海洋气候要素监测预测、"海上丝绸之路"气候数据集与海洋气候监测评估、海洋气候监测预测平台、海洋气候模式系统在国家气候中心部署。

7.2.2.4　海洋气象数值预报能力建设布局

海洋气象数值预报能力建设主要布局在国家级和区域中心两级，国家级重点部署全球海洋数值预报核心模式系统，海上丝绸之路区域数值预报模式系统；专业化预报模式体系分别在国家级、天津、上海、广州区域或省级部署；全球海域气象确定性及概率预报产品服务、台风目标观测、海上污染物扩散应急响应等3个服务能力和指导服务平台重点是针对国家级预报业务提供服务产品，因此部署在国家级；检验评估主要也是针对核心模式系统的分析评估，也部署在国家级。

7.2.3　海洋气象预报能力建设内容

海洋气象预报预测系统二期工程建设以提高我国海洋气象预报预测的全球化精细化能力为目标，围绕实现影响我国台风的监测预报能力达到全球最高水平的目标，在国家气象中心（中央气象台）和国家气候中心两个国家级海洋气象业务单位以及天津、上海与广州3个区域级海洋气象中心和吉林、辽宁、河北、山东、江苏、浙江、福建、广西与海南9个涉海省（区）/市海洋气象业务单位，开展海洋气象监测分析、海洋气象预报预警、海洋气候监测预测和海洋气象数值预报四个方面的相关业务能力建设和相关业务系统的升级改造。建设任务内容主要包括：

（1）优化和改进西北太平洋及南海台风不同方位风圈半径分析业务；建立基于人工智能的多参数西北太平洋及南海台风定强分析方法和基于大数据的全球台风智能检索系统；开展全球其他海域台风定量监测分析业务，全面提升全球台风的综合定量监测分析能力。

（2）优化中国近岸及责任海区海上大风、海雾、海上强对流等海洋灾害性天气监测业务，建立中国近海岸高分辨率海面风场分析业务；建立基于我国新一代风云四号静止气象卫星的海雾和海上强对流智能监测分析技术方法；发展北印度洋（含海上丝绸之路）、北太平洋海上大风和海雾监测分析业务；开展海浪监测分析业务，全面提升我国对全球海洋灾害性天气的综合监测分析能力。

（3）优化西北太平洋及南海台风路径、台风强度和台风精细化风雨预报系统，建立西北太平洋及南海台风路径智能订正预报方法；建立基于多种智能计算模型的台风强度集成预报模型；建立台风大风袭击概率预报方法；建立基于多源资料融合分析产品、多模式确定性预报、多模式集合预报产品和人工智能方法的台风精细化大风预报方法；建立基于多尺度模式确定性预报、多模式集合预报产品和集合预报成员优选技术、客观降水订正技术及台风降水智能最优集成和主客观校正融合技术的台风精细化暴雨预报方法；建立基于集合预报的全球其他海域台风路径预报订正方法和相关集合预报产品体系，全面提升我国全球台风预报的客观智能预报技术支撑能力，实现影响我国台风的监测预报能力达到全球最高水平。

（4）优化中国近岸及责任海区海上大风、海雾、海上强对流等海洋灾害性天气预报预警业务，建立全球海洋气象要素智能网格预报业务体系；开展"海上丝绸之路"海上大风预报以及"海上丝绸之路"和北太平洋海雾预报业务；全面提升我国近海、责任海区以及"海上丝绸之路"和全球重点海域的海洋灾害性天气的综合预报预警服务能力。

（5）建设海洋气象预报检验平台和全球台风预报检验平台，为海洋气象监测预报预测提供平台及软硬件条件的基础技术支撑。

（6）以提高海洋气象的精细化监测预报服务能力为目标，开展沿海海洋中心城市与省级海洋气象业务能力建设和系统升级，重点开展区域中心级和省级海洋气象特色预报服务能力建设，提升区域中心级和省级海洋气象预报的综合保障服务能力。

（7）在海洋气象一期工程建设基础上，面向我国海洋气候监测预测业务发展的需求，优化升级改造全球海洋气候要素监测预测业务和海洋气候监测预测业务平台，开展海洋气候模式预测、海洋气候模式评估和"海上丝绸之路"气候数据集与气候监测评估能力建设，全面提升我国气候监测预测、应对气候变化、灾害风险管理和气候资源开发利用能力。

（8）面向我国蓝色海洋经济发展、资源开发、权益维护和生态保护需求，开展渤海和黄海、东海、南海和北部湾等区域海洋气候监测、诊断分析和预测能力建设，建成结构较为完善、技术先进的中国近海省级海洋气候监测预测业务体系。

（9）在海洋气象一期工程建设基础上，针对海洋气象监测预报全球化业务拓展的需要，以全面提升全球台风数值预报能力、全球海洋气象数值预报能力、"海上丝绸之路"专业气象数值预报能力为目标，构建海气耦合的全球海洋数值预报模式体系，不仅可提供全球海洋、海上丝绸之路、核及环境应急响应确定性数值预报产品服务，还可以提供海洋气象集合预报概率产品服务，并通过建设台风目标观测指导业务平台，为海洋气象监测提供支撑。建设内容包括全球海洋数值预报业务核心模式能力建设、区域数值预报海上丝路业务能力建设、海洋气象专业化预报模式体系建设、数值预报模式海洋气象产品指导服务能力建设和面向海洋气象数值预报检验评估能力建设 5 个方面 11 个子系统。其中全球海洋数值预报业务核心模式能力建设包括全球海气耦合台风同化分析预报、全球海洋气象集合预报 2 个子系统；区域数值预报海上丝路业务能力建设由海上丝绸之路区域中尺度数值预报子系统构成；海洋专业化预报模式体系建设包括西北太平洋风暴尺度移动嵌套台风模式子系统、天津海洋气象中心黄渤海专业海洋气象模式、上海海洋气象中心黄东海专业海洋气象模式、广州海洋气象中心南海专业海洋气象模式 4 个子系统；数值预报模式海洋气象产品指导服务能力建设包括全球海洋气象数值预报产品服务子系统、海上污染物扩散数值预报子系统优化升级和海洋气象目标观测指导业务平台服务子系统 3 个子系统；面向海洋气象数值预报检验评估能力建设由海洋气象数值预报检验评估业务平台子系统完成。

（10）海洋气象数据应用加工分系统。开展海洋多源融合实况分析算法研究，充分发挥海基、空基、天基以及沿岸原有海洋气象资料，特别是新增海上观测资料的优势，为海洋天气监测分析、海洋天气预报预警、台风模拟、军事保障等专业服务系统提供快速、高分辨率、高精度多源海洋气象融合实况分析产品。在现有基础设施资源基础上，规模化应用服务器虚拟化、分布式技术，按需扩充涉海省份的计算资源。

7.3　海洋气象服务能力建设 *

7.3.1　海洋气象服务建设目标

以建设全球海洋气象服务体系为目标，以示范区和重点试验点为抓手，建立面向远洋航行、内河联运、港口运营、海上搜救、涉海重大工程等海洋专业气象

* 《海洋气象综合保障二期工程可行性研究报告（第四册）》海洋气象公共服务系统。

服务预报预警技术支撑体系和信息发布体系，开展海洋气象灾害风险评估和气候资源开发利用，初步形成国家—区域—省（"1+3+9"）三级服务机构框架，即1个国家级中心，广东、上海、天津3个区域中心，河北、辽宁、吉林、江苏、浙江、福建、山东、广西、海南9个涉海省（海洋气象台）。根据中国气象局各级气象业务职能和规划部署，建设国、省一体化海洋气象专业服务业务体系，明确分工，各负其责。逐步形成内河－近海－远洋的综合海洋气象服务基本能力，逐步实现气象服务覆盖我国主要港口和近海航线，远洋导航基本具备服务海上丝绸之路能力、领海海上搜救全覆盖、全球主要远洋航线和重点海域航行全覆盖、领海海洋气象灾害风险区划和气象资源开发利用评估全覆盖；通过"一带一路"沿线主要国家相关机构，向海外中资机构和华人提供国内均等的基本公共气象服务。

（1）建设目标

1）以远洋航行气象保障服务为重点，以提升自主知识产权的远洋气象导航服务科技支撑能力为目标，以上海气象导航和国家级业务支撑为主体，提高远洋海运气象服务保障服务能力，实现主要远洋航线和全球重点海域航行气象保障全覆盖；

2）以港口和航线服务系统建设为重点，针对港口的不同规模、特种功能和地域分布、侧重各种货运（如煤炭、矿石、油气、危化品等）、客运（如国际邮轮等）和各类船只（如散装、集装箱、油轮、LNG等）以及近海和远海的各类航线，以宁波、大连、上海、青岛、图们江等港口气象服务为示范，全面提升港口、码头、内航联运、岛际航线等气象服务能力，推进我国主要港口和近海航线气象服务全覆盖；

3）以上海为海洋传真，山东石岛、浙江舟山和广东茂名为海上广播智能通信的示范点，建设我国海域气象传真、海洋气象广播网（气象广播电台）和近海海洋信息通信的全覆盖；

4）以国家级中心为技术支撑和统筹，各区域中心和省级机构为服务主体，建立海上搜救和打捞等专业化气象服务体系，实现领海全覆盖；

5）以国家级中心为主体，开展国防海洋气象服务；

6）以国家气候中心和中国气象局公共气象服务中心为主体，以区域中心和省级机构为支点，初步建立全球海洋气象灾害风险评估和领海气候资源开发利用气象服务业务，提升服务技术和业务能力，实现领海全覆盖。

（2）具体指标

1）构建"1+3+9"全国上下一体化海洋气象服务体系框架；

2）建成集海洋气象传真、广播、北斗等多手段、高时效的海洋气象信息发布系统，实现海洋气象传真和海洋气象广播近海全覆盖，综合到达率达到95%；

3）建成专业化的海洋气象服务业务系统，服务产品精细化程度满足涉海重要行业的需求，实现全部领海海洋运输、搜救打捞等专业气象服务全覆盖，提升我国涉海重要行业气象保障水平；

4）提升港口生产、航运安全等专业化气象服务水平，开展示范建设并推广，逐步实现我国50个主要港口、300条主要近海航线以及海洋经济生产气象保障服务领海全覆盖，减少港口因天气封航时间10%～20%，建立气象、海事、港口、引航等多方快速联动机制，保障安全，提升效率和效益；

5）完成我国管辖海域海洋气象灾害风险普查和区划，建立包括台风大风、台风暴雨、冷空气大风、海洋强对流、海雾等在内的海洋气象灾害监测指标，实现海洋气象灾害的实时监测和历史查询；海洋气候资源开发精细化气象保障能力全面提高，建立海洋风能太阳能资源数据库，实现分辨率 3 km × 3 km（码头、航路、人船定位）、1 h，预报时效 5 d 的 10 m 风、阵风、100 m 风、海雾、浪高以及降水的海上风电智能网格化预报；

6）初步具备远洋重大工程、远洋重大航行等国家远洋战略活动气象保障服务支撑能力。

7.3.2　海洋气象服务建设布局

本系统按照国家—区域—省三级进行布设，国家级布设在公共气象服务中心、国家气象中心和国家气候中心等，区域级包括广东、上海、天津 3 个区域中心，省级包括河北、辽宁、吉林、江苏、浙江、福建、山东、广西、海南 9 个涉海省、区（海洋气象台）。

国家级中心：负责总体规划、管理协调、统筹统建和业务技术支撑指导以及海外海洋（港口）气象服务，建设开展上下一体化业务，实现上下“一张网”、服务“一张图”，在服务属地化原则框架下实现信息集成、数据技术集约共享和本地化推广。针对中央政府以及国家级单位如交通运输部海洋局、海事局、搜救中心、打捞中心、农业农村部渔业管理和业务机构等开展服务。联合区域和省级开展全国领海海上平台和重大工程建设以及气候风险、资源利用等气象服务。

广东、上海、天津 3 个区域中心：除在各自责任区开展海洋气象服务外，还负责相关责任海区沿海各省海洋气象服务的统筹协调和技术支撑。对口本区域的海洋、交通、农业和港口等单位，针对本区域的海上平台及重大工程建设项目、近海航线以及渔业生产开展公益和专业气象服务。

9 个涉海省份：根据各自的需求和特点，组建省级或地、市级海洋气象台，适当带动地方投资和社会资本，本着属地化原则，开展海洋气象公益和专业服务，总体布局见表 7.1。

表 7.1　海洋气象公共服务系统布局表

序号	分系统	子系统	总体布局			
			国家级	区域级	省级	市级
1	海洋气象信息发布	海洋气象传真业务		√		
2		海洋气象数字化广播		√	√	
3	海洋气象专业气象服务	近海航线服务 江海联运岛际交通航线气象服务			√	
4		黄海国际航线气象服务			√	
5		黄、渤海航运气象保障服务			√	
6		长江下游及黄海海域江海联运气象服务			√	
7		南海航线专业气象服务和船舶风险评估			√	
8		北部湾近海航线气象服务			√	
9		台湾海峡闽台航运气象保障服务			√	
10		海南琼州海峡气象服务			√	
11		海南南沙航线气象服务（一期）			√	
12		渤海及渤海海峡国际航运气象保障服务				√
13		大连东北亚国际航运中心气象保障				√
14		浙江东海航运气象保障			√	
15		国家级港航气象保障专业服务	√		√	
16		国家级海洋专业气象服务指导产品业务支撑平台	√		√	

续表

序号	分系统	子系统	总体布局			
			国家级	区域级	省级	市级
17	海洋气象专业气象服务	近海智慧港口气象服务示范建设				√
		渤海港口船舶引航气象服务示范建设				
18		黄海近海船舶引航气象服务示范建设				√
19		宁波超大型港群气象服务示范建设				√
20		粤港澳大湾区港口群联动专业气象服务示范建设			√	
21		海峡西岸核心港口气象服务保障能力建设			√	
22		山东半岛港口气象服务示范建设			√	
23		大连化工能源港区作业及船舶试航气象安全保障服务示范建设				√
24		国际邮轮港气象服务示范建设				√
25		北部湾港口及引航气象服务示范建设			√	
26		图们江高纬度港口气象服务示范建设			√	
27		中哈（连云港）物流合作基地气象服务保障示范建设			√	
28		海南自由贸易区（港）港口气象服务示范建设			√	
29		河北煤炭港口作业气象服务示范建设			√	
30		辽宁省综合性港口气象服务保障能力建设			√	
31		东南国际航运中心港口海陆联运气象服务保障示范建设				√

序号	分系统	子系统	总体布局			
			国家级	区域级	省级	市级
32	海洋气象专业气象服务	卫星海上应急保障服务	√			
33		大型舰船航空气象保障服务	√			
34		全球突发事件海域高精度气象保障服务	√			
35		全球海上灾害性天气监测预报信息共享与决策辅助支持平台	√			
36		海上漂流物漂流轨迹预测	√			
37		黄、渤海搜救气象保障服务	√	√	√	
38		长江口及东、黄海海上搜救气象保障服务	√	√	√	
39		台湾海峡海上搜救气象保障服务	√	√	√	
40		青岛军地联合气象保障服务			√	
41		远洋气象导航全球多源数据平台		√		
42		远洋气象导航算法		√		
43		船舶航行影响因子及航路计算评估	√			
44		专业导航云＋端业务平台	√			
45	海洋气象灾害风险管理	海洋气象灾害风险区划	√		√	
46	海洋气候资源开发利用	海上气候资源开发评估服务	√		√	

表中分系统第35～40行对应"国防安全气象保障专业服务"，第41～44行对应"国家远洋战略气象保障能力建设（二期）"。

7.3.3　海洋气象服务能力建设内容

海洋气象公共服务系统建设包括海洋气象信息发布、海洋气象专业气象服务、海洋气象灾害风险管理和海洋气候资源开发利用 4 个分系统 46 个子系统，具体如下：

（1）海洋气象信息发布。海洋气象信息发布分系统建设包括海洋气象传真业务、海洋气象数字化广播 2 个子系统，以软件开发为主，为支撑软件系统建设运行和双向通信能力提升，升级海洋数字化广播电台设备及配套基础建设。

（2）海洋气象专业气象服务。海洋气象专业气象服务分系统建设包括近海航线服务 14 个子系统、近海智慧港口气象服务示范建设 15 个子系统、国防安全气象保障专业服务 9 个子系统、国家远洋战略气象保障能力建设（二期）4 个子系统，以软件开发为主，为支撑软件系统运行，购置必要的硬件设备。

（3）海洋气象灾害风险管理。围绕海洋气象防灾减灾需求，开展海洋气象灾害的数据收集、灾害监测与识别、灾害影响风险评估、精细化风险区划和预警服务，提高海上灾害防御整体能力，为减轻海洋灾害风险提供科技支撑。海洋气象灾害风险管理分系统建设仅海洋气象灾害风险区划 1 个子系统，以软件开发为主。

（4）海洋气候资源开发利用。海上气候资源区划、评估和预报服务是海上风能、太阳能资源开发利用的重要基础条件，因此，海洋气候资源开发利用分系统整体规划建立精细化的海上气候资源开发评估服务系统。

通过上述 4 个分系统建设，初步构建起国、省一体化海洋气象服务体系框架，初步为近海和全球重点海域海洋气象公共服务提供相关技术支撑和基本业务服务。

7.4　海洋气象综合保障能力建设

7.4.1　海洋气象综合保障能力建设目标

海洋气象综合保障能力建设目标是，逐步建成与海洋气象综合观测系统运行充分配套的技术装备保障系统，构建 2 个国家级（北京、天津）、12 个省级及 4 个计划单列市、2 个专项（万宁、漳州）海洋气象综合保障基地，以及 2 个（博鳌、成都）无人机保障基地，初步建立统一指挥调度＋集中综合保障＋（岸基）初检测试＋机动观测专项保障的全网监控能力，创建海洋气象装备保障新模式，业务布局合理、分工明确，业务体系集约高效、运转流畅，业务能力充分满足各项保障需求，业务水平显著提升。

7.4.1.1　海洋气象综合保障基地建设目标

形成健全的国、省两级海洋气象装备保障能力，在国家海洋气象装备保障基地的技术支持及指挥调度下，充分发挥海南、福建和计划单列市青岛的省级海洋气象装备保障基地和其他省级装备保障基地的作用，完成岸基、海基和空基及天基观测系统的海洋气象装备保障任务，为海洋气象观测系统稳定可靠运行提供全面的保障支撑。

气象装备保障目标。岸基气象观测分系统，地基遥感探空子系统数据平均传输率不小于92%，设备平均业务可用性率不低于90%，设备周期计量检定率90%以上；海上自动气象站数据平均传输率不低于90%，设备平均业务可用率不低于85%，设备周期计量检定率90%以上。

海基气象观测分系统，海洋固定观测子系统设备实时在线率不低于85%，平均业务可用率不低于80%，设备周期计量检定率90%以上；石油平台自动站、漂流浮标仪（Ⅰ型）（站上气象设备）平均业务可用率不低于85%，设备周期计量检定率90%以上。海洋船载机动观测子系统船载自动气象站国内航线商用船舶观测系统设备平均业务可用率不低于80%，设备周期计量检定率90%以上，国际航线商用船舶观测系统设备平均可用率不低于70%，设备周期计量检定率90%以上。海面漂浮气象观测子系统依靠全网监控建设保障业务平台，对设备运行情况进行实时在线分析，根据观测系统要求，24 h内完成保障指挥调度指令的发布，96 h完成备件出库调度。

空基气象观测分系统，飞机综合探测子系统12 h完成观测所需仪器及备件指挥调度；自动探空站和海洋探空站依靠保障业务平台，根据观测系统要求，6 h内完成观测所需备件/耗材指挥调度指令的发布，12 h完成备件/耗材出库调度。

7.4.1.2　国家级海洋气象保障基地能力建设目标

以天津国家气象科技园和北京综合气象观测试验基地为基础，建设国家级海洋气象装备保障基地，形成海洋气象观测系统测试维修、计量检定、物资储备、运行监控、试验考核和质量管理等运行保障能力，满足海洋气象观测系统运行保障需求。

在海洋气象一期工程建设基础上，升级和完善国家级海洋气象装备保障业务平台和外场移动观测数据处理加工平台，实现新增海洋气象观测全网监控能力和保障业务信息化管理。建设海洋气象装备智能保障子系统，补充建设海洋气象观测设备保障业务统一指挥调度功能，补充建设海洋气象装备保障APP功能，提升海洋气象观测设备性能在线分析、智能诊断、远程故障修复、保障快速处置的能力；进一步应用人工智能、物联网、大数据等信息技术，实现海洋气象基本观测系统业务运行和保障业务运行的融合化、智能化、互联化，构建"前期准确预警、中期智慧处理、后期有效分析"的保障模式，实现"感知、控制、诊断、决策、指挥、处理"六位一体的海洋气象装备智慧保障体系。在全国统一管理的基础上，根据省级本地化业务需求进行省级信息化系统升级改造，为省级特色海洋气象观测设备保障业务与管理过程提供支撑。建设海洋气象观测设备测试与试验子系统，针对观测试验的设备，为海洋气象观测设备的测试试验、观测试验设备数据的质量检验、误差订正和深度应用提供平台支撑。建设海洋气象装备计量检定子系统，实现国家级海洋气象计量业务流程管理、自动化检定、全国计量信息管理等高效集成系统，为海洋气象观测设备提供全方位计量业务保障。

完善国家级海洋气象观测质量管理能力，在上海物资管理处现有海洋气象装备质检能力的基础上，补充建设摇摆测试实验室、空基探测装备检测实验室、海雾观测设备检测实验室，提升海洋气象装备质量检测能力，实现对海洋气象装备在复杂海洋环境下（高盐、高湿、摇摆、高空等）探测数据准确性、设备运行稳定性等方面的检验测试。根据《气象观测专用技术装备出厂验收测试规定（试行)》，结合不同海洋气象观测设备运行特点，建立各类海洋气象观测设备入网测试能力。

7.4.1.3　省级海洋气象保障基地能力建设目标

依托广西、海南、广东、福建、浙江、江苏、上海、山东、河北、辽宁、吉林 11 个涉海省（区、市）和大连、青岛、宁波和厦门 4 个计划单列市现有维修测试、计量检定和物资储备等运行保障能力，重点在海南、福建和计划单列市青岛建设省级海洋气象装备保障基地，与国家装备保障中心协同，形成海洋气象观测设备集中保障的新格局。

依托博贺综合气象观测试验基地，增强地面气象观测子系统和大气垂直遥感探测系统、海洋环境要素观测系统、观测通信保障系统以及配套基础设施建设，形成海洋气象观测超级站。在福建漳州建设海面漂浮气象观测保障设施，承担漂流浮标仪日常布放、回收、维护、检测及维修。

完成涉海各省（区、市）海洋气象观测业务梳理、质量体系建设，通过 ISO9001 质量管理体系认证。

7.4.1.4　无人机保障基地及安全保障目标

（1）建成飞机综合探测系统保障体系，实现对飞机综合探测全过程指挥监控，实现 5~8 h 内覆盖我国全部领海（2500 km 观测半径）及 70% 陆地面积。形成不少于 3 类（高空遥测、高空遥感和海面遥感）50 种高空实时观测产品，数据可用率超过 85%。

（2）海洋气象信息安全保障。在国家级主中心和涉海省份实现全面双网分离，建成后禁止内网系统、终端访问互联网。在国家级和涉海省级的气象内网中建立设备入网管控系统，通过不同区域应用对应的管控技术，保证海洋工程有关设备在入网前不存在明显的安全漏洞，入网后设备行为异常能够及时阻断，做到安全问题入网前后有能力、有条件及时发现，从而将入网前系统漏洞等安全问题降低，入网后异常行为减少。

7.4.2　海洋气象综合保障能力建设布局

海洋气象保障（二期）装备保障系统建设包括国、省两级海洋气象综合保障基地能力建设和无人机保障基地建设，涉及中国气象局、涉海 12 个省（区、市）、4 个计划单列市和内陆 1 个省。根据海洋气象观测系统布局规划和海洋一期建设成果，统筹考虑现有气象装备保障业务体系架构，建成满足海洋气象观测系统稳定运行及开展海洋气象观测和试验需要的新的装备业务布局。

7.4.2.1　国家级海洋气象保障基地能力建设布局

国家级海洋气象装备测试维修能力建设布局：依托天津国家气象科技园和中国气象局现有气象装备检测平台建设海洋气象装备测试维修平台，中国气象局利用北京测试维修平台开展海洋气象观测设备故障测试与维修方法研究，制定不同观测设备标准化维修流程和维修方法；天津市气象局利用天津海洋气象装备测试维修平台，开展海洋气象装备复杂故障维修，在海南、福建和青岛的协同配合下，共同承担海洋气象装备的集中测试维修任务。

国家级海洋气象装备计量检定能力建设布局：部署在天津国家气象科技园和中国气象局大气探测试验基地，天津主要建设与海洋气象观测相配套的量值传递能力，包括配备标准器和新建实验室，北京主要针对海洋气象观测装备开展最高计量标准、自动化和信息化建设，并对计量实验室进行环境改造。

国家级海洋气象装备储备能力建设布局：部署在天津国家气象科技园，主要承担全国海洋气象装备备件动态管理和调拨，存储部分备件的同时，重点用于机动观测系统备件储备和调度。

国家级海洋气象观测全网监控能力建设拟建设气象装备保障业务平台遵循"需求牵引，集约规范，利旧整合，整建并举"的原则，采用国家级一级部署，国、省、市、县四级应用的布局方式，平台整体功能部署在中国气象局大数据云平台数据环境中，同时为兼顾各省的本地化需求和特色应用服务，通过开放系统接口与服务的方式建设各省微服务应用环境和本地化释用环境，实现本地化应用。

国家级海洋气象观测质量管理能力建设布局主要依托上海物资管理处，通过扩充三个实验室，形成完善的气象装备质量检测和运行评估能力建设。依托中国气象局气象探测中心开展海洋气象装备入网测试工作。

7.4.2.2　省级海洋气象保障基地能力建设布局

省级海洋气象装备维修测试能力建设布局：一般性故障由福建、海南两省和计划单列市青岛共同完成，福建负责东海沿岸省份、海南负责南海沿岸省份、青岛负责黄渤海沿岸省份；天津在中国气象局直接指导下完成疑难故障的测试维修工作，其余 9 个沿海省份和大连、宁波、厦门 3 个计划单列市承担海洋气象装备的日常维护、设备定期更换和设备收发等任务。

省级海洋气象装备计量检定能力布局：省级计量检定试验室能计量检定的设备及要素由各省承担，省级承担不了的由国家级承担。因海南和福建现有计量检定设备既要承担现有陆上观测设备的计量任务，又要承担南海和东海故障设备维修后的计量任务，考虑各新增一套计量设备，提升两省的计量检定效率。

省级海洋气象装备储备能力布局：依托福建、海南两省和青岛市建设装备储备库，满足海洋气象装备大部分储放及调度要求。为风廓线雷达配备的备件随设备一起配备到相应省（区、市）或计划单列市。

新型气象观测技术装备试验能力布局：平流层飞艇气象观测保障设施建设安排在海南万宁；"超级气象观测站"试验能力建设基于博贺综合气象观测试验基地；海面漂浮气象观测设备试验保障设施建设安排在福建漳州。

省级海洋气象观测质量管理能力布局：在 12 个沿海省份现有质量体系的基础上补充完善，形成满足海洋气象观测需要的质量管理能力。

7.4.2.3　无人机保障基地建设布局

无人机保障中无人机起降基地分别布设在海南博鳌和四川成都，其中四川成都布设无人机气象基地室考虑利用既有机场为备用起降机场。无人机起降基地的布局能够向全国多个沿海省（区、市）辐射，并保证 5～8 h 内可覆盖我国全部领海及 70% 的国土面积。

7.4.3　海洋气象综合保障能力建设内容

根据海洋气象保障工程二期观测系统建设内容和要求，构建 2 个国家级（北京、天津）、12 个省级（天津、河北、辽宁、吉林、上海、江苏、浙江、福建、山东、广东、广西、海南）及 4 个计划单列市（大连、青岛、宁波、厦门）、2 个专项（万宁、漳州）海洋气象综合保障基地，以及 2 个（博鳌、成都）无人机保障基地，设计和建立适应海洋气象观测保障业务体系和新模式，提升海洋气象观测支撑能力。建设海洋气象信息安全保障分系统，提高海洋气象信息系统接入环境安全性。

7.4.3.1　海洋气象综合保障基地

（1）国家级海洋气象装备测试维修能力建设。依托天津国家气象科技园建设国家级海洋气象装备测试维修平台，完成配套业务楼建设；完善中国气象局气象装备测试维修平台，建成满足海洋气象装备测试维修能力，完成配套实验室改造，形成北京和天津（一主一副）两个国家级海洋气象装备测试维修平台，共同承担海洋气象装备测试维修技术研究和服务。

（2）国家海洋气象装备计量检定能力建设。升级完善和扩充扩展国家级海洋气象计量检定能力，推进海洋气象计量装备具有自主知识产权的产业链和生态链升级，提高海洋气象计量装备国产化率，推进海洋气象计量装备技术创新和升级，培养国家级海洋气象计量装备专业人才队伍。分别在天津国家气象科技园和中国气象局大气探测试验基地（北京），完善和扩充国家气象计量站常规气象要素温度、湿度、气压、风向风速、降水量、辐射量值传递能力和基本计量检定业务能力；完善国家级雷电、云能天观测、气象光学和气象电学计量能力建设，为海洋气象观测数据的准确性、可互换性、可比性、一致性提供全方位的计量检定保障服务。

（3）国家级海洋气象装备储备库建设。按照海洋气象基本观测系统运行所需备件储备量及所需库房容积，依托天津国家气象科技园，建设国家级海洋气象装备储备库，完成储备库配套基础设施建设。

7.4.3.2　国家级海洋气象观测全网监控能力建设

为满足海洋气象观测全网监控需求，搭建统一的海洋气象观测设备保障业务平台技术架构，建设海洋气象观测设备保障业务平台，包括海洋气象观测设备测试与试验子系统、海洋气象装备智能保障子系统和海洋气象装备计量检定子系统。其中：

（1）海洋气象装备综合保障集成与决策指挥子系统：主要建设内容包括：提供系统架构与系统集成，确保测试和实验、智能保障和计量检定工作集约化管理，建立保障指挥决策服务功能。

（2）海洋气象观测设备测试与试验子系统：主要建设内容包括了观测设备测试评估子系统、观测试验产品开发子系统、海洋气象观测资料质量检验和误差订正子系统、试验数据预报效果检验子系统4部分内容。

（3）海洋气象装备智能保障子系统：主要建设内容包括海洋气象装备全生命周期履历管理子系统、海洋气象装备资源计划智能管理子系统、海洋气象装备保障大数据智能分析子系统、海洋气象装备保障全流程智能跟踪与重现子系统、海洋气象装备保障智能决策和指挥调度子系统、海洋气象装备保障省级本地化释用子系统等 6 部分内容。

（4）海洋气象装备计量检定子系统：主要建设内容包括国家级计量业务运行与管理模块升级改造、全国气象计量业务模块升级改造、国省两级海洋气象观测设备检定业务模块、RIC－北京和"一带一路"气象计量国际服务模块（英文版）等 4 个模块。

7.4.3.3　国家级海洋气象观测质量管理能力建设

依托上海物资管理处，补充建设摇摆测试实验室、空基探测装备检测实验室、海雾观测设备检测实验室，提升对海洋气象装备质量检测能力，实现对海洋气象装备在复杂海洋环境下（高盐、高湿、摇摆、高空等）探测数据准确性、设备运行稳定性等方面的检验测试。补充海洋气象装备入网测试能力建设，严格按照不同海洋气象装备功能需求书和业务要求编制具体可操作的验收大纲，并严格按照设备功能需求书和业务要求编制具备可操作的入网测试大纲，并依据测试大纲的要求和《计数抽样检验程序 第 1 部分：按接收质量限（AQL）检索的逐批检验抽样计划》（GB/T 2828.1-2003）进行入网测试。提出行之有效的实际操作方案，编制测试项目表。前向散射式能见度仪、风廓线雷达需根据需要进行重新制定，其他海洋气象观测设备按照现有业务流程和新制定的测试大纲的测试要求执行。

7.4.3.4　省级海洋气象保障基地能力建设

通过改造中国气象局青岛部分基础设施，建立海洋气象观测中心（青岛），形成海洋气象移动观测能力和海洋气象装备保障能力，重点建设福建、海南海洋气象装备保障能力，与国家级海洋气象装备保障（天津）中心，协同集中承担海洋气象装备的运行保障任务。开展 12 个涉海省份海洋气象观测质量管理体系建设，完成省级单位 ISO 质量标准认证。

（1）省级海洋气象装备测试维修能力建设。改扩建海南、福建和青岛 3 省（单列市）海洋气象装备测试维修实验室，添加雷电监测站故障诊断仪、盐雾试验箱、能见度仪故障诊断仪、海洋自动气象站便携式现场核查仪等设备，电池分析检测仪、激光测距仪等仪器仪表。依托中国气象局青岛现有基础设施加强建设海洋气象移动观测配套保障能力。

吉林、辽宁、河北、山东、江苏、上海、浙江、广东和广西 9 个涉海省（区、市）的建设内容包括：配置气象站拷机装置、雷电监测站故障诊断仪、能见度故障诊断仪、移动工作站、微型无人机、卫星通信电话、电池分析检测仪、风廓线雷达便携测试仪、海洋自动气象站便携式现场核查仪。

（2）省级海洋气象装备计量检定能力建设。改扩建海南、福建和青岛 3 省（单列市）海洋气象装备计量检定能力，配备的诸如精密活塞压力、二等标准铂电阻检定装置、雨量自动检测装置等气象计量标准器组，提供气压、风速、雨量、湿度、温度、风向等海洋气象观测系统覆盖的气象6要素观测仪器的计量校准功能。为福建省建设强风实验室。实现强风装置的风速、风向的精度及性能测试。为福建和海南建设降水现象检定实验室。实现对降水现象仪的标定，确保海洋气象探测中毛毛雨、小雨、大雨、雨夹雪等降水现象的准确测量。

（3）省级海洋气象装备储备能力建设。改造福建和青岛（计划单列市）现有业务用房，建设海洋气象装备储备库；新建海南海洋气象装备储备库，形成辐射南海、东海和黄渤海的海洋气象装备供应能力，为各储备库配备智能货架、电子标签拣选系统、叉车、输送车等仓储通用管理设备，为各储备库储备部分备件。

（4）新型气象观测技术装备试验能力建设。在海南省万宁市建设飞艇放飞基地，包括测试厂房、放飞场地和放飞系统，放飞系统包括氮气罐组、飞艇放飞卷扬机等附属设备。

依托中国气象局南海（博贺）海洋气象科学试验基地建设地面气象观测子系统和大气垂直遥感探测系统、海洋环境要素观测系统、观测通信保障系统以及配套基础设施。

在福建漳州建设海面漂浮气象观测（漂流浮标仪（Ⅱ型）、台风强度目标快速组网观测系统）保障基地，具体负责漂流浮标仪等仪器的日常布放、回收、维护、检测及维修。

（5）省级海洋气象观测质量管理能力建设。梳理省级海洋气象观测领域业务流程，形成过程优化方案，探索建立适合中国气象观测特色的标准化质量管理模式，形成不同地域特点的先进管理模式；设计体系运行保障机制，完成保障质量管理体系有效运行的组织架构设计，支撑配套的质量管理人员队伍建设，开展并完成12个沿海省级单位 ISO 质量标准认证。

7.4.3.5　无人机保障基地及信息安全保障

（1）无人机起飞降落基地主要依托成都、博鳌既有机场或专用飞行作业基地，建设或改建无人机机库、无人机控制站保障库及无人机地面保障改装所需基础场地条件。具体包括：改建成都无人机机库和气象载荷仓库，在海南博鳌机场建设无人机机库、无人机控制站保障库和气象载荷仓库。

（2）海洋气象信息安全保障。以信息化工程的规划为基础，对国家级和12个涉海省份进行双网分离建设，并在气象内网建立相适应的设备入网管控系统，满足等级保护2.0标准对设备安全的有关要求，达到保障海洋数据和气象网络稳定的目的。

第8章 海洋气象能力建设预期效益风险分析及对策

我国海洋气象能力建设，是随着国家经济发展实力日益强大、国家海洋经济发展大步挺进深蓝和承担国际海洋服务义务不断增加的一项巨大系统工程，其经济效益非常巨大，同时也伴随相应的风险。推进我国海洋气象能力建设，必须依据《海洋气象发展规划（2016—2025年)》提出的要求，以服务为引领，以科技为支撑，坚持速度、规模、质量、效益相统一，逐步建成布局合理、规模适当、功能齐全的海洋气象业务体系。

8.1 海洋气象能力建设预期效益分析

8.1.1 海洋气象能力建设预期社会效益

沿海省份是海洋气象灾害多发、频发、重发的省份，台风、暴雨、干旱、高温、雷电、龙卷风、海上大风等气象灾害每年交替发生。海洋气象灾害的破坏力强，涉及面广，影响范围大，受影响的除涉海省（区、市）外，还有受台风影响的内陆省份，潜在的受灾群体十分庞大，"十二五"以来，全国年均有超过3.5亿人次受台风灾害影响。

同时由气象灾害引发或衍生的其他灾害，如山洪地质灾害、海洋灾害、生物灾害、森林火灾等，都对涉海省份经济建设、人民生命财产安全构成极大威胁，海上大风、大雾等恶劣天气对海上生产和资源开发的影响也非常大。气象灾害的预报准确率越高，预报越早，预警越及时，其防灾减灾救灾作用就越明显。实施海洋气象能力工程建设，有助于提升我国对海洋气象灾害的综合监测能力，提高各种海洋气象灾害的预报预警能力和预报准确率，尤其是提高短期、突发海洋灾害性天气的预测预报能力。气象预警的及时发布，有助于政府、社会和公众提前做好预防措施，以最大限度地减少灾害造成的人员伤亡和财产损失，进而减轻人们的精神负担，有利于涉海地区社会稳定，保证社会正常的生产生活活动，从而促进当地经济社会的可持续发展。

气象条件极大影响着海上活动的开展，海洋事业的发展离不开气象保障。海洋气象工程建设任务的落实，将海洋气象观测站网直接扩展覆盖到我国管辖主要海域，提升我国全球海洋气象模式水平，从而扩展对"海上丝绸之路"沿线港口、两极地区、东海、南海岛屿和专属经济区的气象服务覆盖范围，极大增强远洋气象服务能力，在保障国家海洋发展战略方面起到重要作用。海洋气象工程建设任务的落实，将提高我国处置海洋相关突发事件的气象保障能力，有助于提高党和政府的威信，有利于提升我国气象的国际影响力和国际声誉，产生显著的社会效益。

8.1.2　海洋气象能力建设预期经济效益

由气象服务所带来的收益，包括减少气象灾害带来的损失和利用气象产品所带来的经济效益。海洋气象能力工程建设主要的经济效益体现在利用海洋气象预报预警技术，为海上生产活动和海洋资源开发提供气象保障，减少海洋气象灾害所造成的经济损失，其潜在的长期经济效益是不可估量的。

中国气象局对全国气象服务效益的评估结果显示，我国气象投入产出效益比可达 1:69，即国家每投入气象 1 元，将产生最高达 69 元的经济效益，在经济较为发达的沿海省份这一比例将更高。2021 年我国海洋生产总值逾 9.04 万亿元，港航物流、海上航运、海洋渔业、近海养殖、海洋油气业、滨海旅游业等主要涉海经济活动均受气象条件影响较大，海洋气象能力工程建设任务的落实，将有效提升我国海洋气象预报预警技术水平、增强海洋专业气象服务能力，减少海洋气象灾害所造成的经济损失。

如果按照气象灾害造成直接经济损失从上个 10 年（2002—2011 年）占 GDP 的 0.95% 降至近 10 年（2012—2021 年）的 0.42% 计算，则气象预报预测预警服务对海洋经济生产形成的直接经济效益年均达 381.8 亿元，其中 2021 年则达 479.0 亿元。如果按照投资与直接经济效益比计算，海洋气象能力建设一期、二期总计投资为 246966 万元，按照每年 10% 投入维持经费，按照运行 8 年折旧更新，即维持经费总计为 197572.8 万元，建设投资 + 维持经费合计为 444538.8 万元，未来 8 年按照 2021 年贡献率计算，投入产出比为 44.45388/（479.0×8），即 1:86.2，即海洋气象能力建设每投入 1 元所产生的经济效益为 86.2 元。随着我国沿海地区经济持续发展、海洋经济进入一个前所未有的快速发展期，预期带来的长期潜在防灾减灾救灾经济效益将更为显著。

近 10 年，随着各级政府对气象部门的持续投入，气象灾害经济损失绝对值虽不断增大，但占国民生产总值的比例呈总体下降趋势，以广东省为例，2001—2011年期间，通过气象服务水平的提升，平均每年减少损失可达到 205.8 亿元，经济效益十分显著。

我国海上气候资源丰富，近海风能、太阳能资源开发利用市场巨大，过去 10年，在国家政策大力推动下，我国风电产业蓬勃发展，风电装机总量和增长量均稳居世界第一，2017 年，相比陆上风电，海上风电取得突破进展，海上风电新增装机容量达到 116 万 kW，累计装机达到 279 万 kW。海上气候资源区划、评估和预报服务是海上风能、太阳能资源开发利用的重要基础，根据 2011 年全国风电气象服务效益调查评估结果显示，在风电行业气象服务效益总体贡献率达到 1.85%。随着市场容量的不断扩大，气象服务对我国海上气候资源开发等领域的服务效益必将不断增长。同时，工程建设任务的落实将使我国海洋气象业务实现向远海、远洋的扩展，能够有效保障国际贸易的蓬勃发展和"21 世纪海上丝绸之路"发展战略，提高远洋航线经济效益、保障我国与海上丝绸之路沿线国的经济合作项目实施，为我国经济迈向全球化保驾护航。

8.1.3　海洋气象能力建设预期生态效益

在全球变暖背景下，极端天气气候事件多发频发，应对气候变化、保障气候安全，对气象保障服务工作要求更高。通过本工程建设，将进一步加深对海洋气象的监测和分析，有助于加强对全球气候变化问题的认识，有助于对陆地和近海气象灾害（如副热带高压、厄尔尼诺、拉尼娜现象等）的分析。随着人们生活质量的提高和环境保护意识的不断增强，政府和广大民众对海洋生态环境问题越来越关注。工程建设获取的以大气为核心的海洋气象综合观测信息，将有助于理解我国海洋生态系统与全球变化的复杂关系，可为海洋污染防治、海洋生态环境保护、海洋资源科学开发利用提供决策所需的气象依据，有利于海洋生态环境的保护和海洋资源的合理开发利用。

8.2　海洋气象能力建设预期风险分析

8.2.1　海洋气象能力建设风险概述

无论是投资还是建设都存在一定程度的风险，如果对其风险能早有预研，并能提前采取相应降低风险和防御措施，就可能避免风险发生或降低风险危害。根据《规划》有关要求，海洋气象能力建设工程作为国家级海洋重点气象工程，建设范围涉及天津、河北、辽宁、吉林、上海、江苏、浙江、福建、山东、广东、广西、海南 12 个涉海省（区、市），图们江入海口，以及渤海、黄海、东海、南海等我国管辖海域及国内外重要港口。工程建设范围广、设计任务复杂、建设规模较大、采用技术先进、建设投资较大、工程建设系统性、协调性和综合性要求较高，建设和实施过程所面临的内部条件和外部环境相对复杂。因此，对项目建设实施的潜在风险进行全面分析，了解掌握风险预防的方法和手段，避免和减轻各类风险事件对项目建设实施的不利影响十分重要。

8.2.2　海洋气象能力建设风险识别

海洋气象能力建设工程在实施过程中所面临的主要风险因素分为两大类：技术风险和非技术风险。其中技术风险主要包括设计技术风险和施工技术风险。

8.2.2.1　技术性风险识别

设计技术风险。与海洋气象工程建设相比，气象部门更多开展的是基于陆地特性的气象工程建设，而海洋气象工程与陆地气象工程在技术体系、业务体制、运行机制等方面都存在差异，简单照搬陆地上综合气象观测系统、预报预测系统、公共服务系统的建设思路对各项海洋气象业务系统建设任务、功能、结构和布局进行设计，不仅可能忽略海洋气象自身有别于陆地气象业务的现实特点，也将对工程实施和后期运行带来较大风险隐患。

海洋气象综合观测能力建设布局包括渤海、黄海、东海、南海我国管辖海域的海岸、海岛、海上区域、港口，不同海域气象条件、石油平台等沿岸、沿海、海上区域的观测站建设、信息传输系统建设等，由于外部环境腐蚀性强的特点，使主要技术路线选择和设备方案比选存在较大技术设计风险。

施工技术风险。在海岸、海岛、海上石油平台等沿岸、沿海、近海区域建设各类型气象观测设备，面临着远比陆地环境复杂的建设安装条件，尤其是在海岛上开展的自动气象观测设备建设工作，由于各类海岛和岛礁地质条件和海底结构各不相同且相对复杂，观测站点在选址、筑基、建设等具体施工方面存在较大难度和风险。

8.2.2.2　非技术性风险识别

非技术性风险，主要为自然及环境风险和组织协调风险。

（1）自然及环境风险。台风、海上大风、大雾、海上强对流等是我国主要的海洋气象灾害，本工程建设涉及渤海、黄海、东海、南海等海域，海上建设施工所面临的自然环境风险因素复杂，一旦灾害发生，将对工程建设进度、费用和质量产生较大影响；同时，海洋气象综合观测能力建设中很大一部分涉及海岛观测站点的建设施工、设备安装、维护维修等，由于其本身的建设场址相距海岸较远、自然环境相对复杂，设备安置和运行受到自然环境风险影响往往较大。同时，相对恶劣的自然环境，如台风、强对流天气、风暴潮等还可能对建设在海上和岛礁上的设备、设施、通信等造成破坏，造成重要观测资料数据丢失。

（2）组织协调风险。海洋气象能力建设工程实施，虽然是由气象部门具体承担，但是在有关建设任务设计、建设范围划分、建设布局安排、技术体系衔接等方面，与海洋、海事、交通等部门有着密切联系；同时，建设层级多和实施范围广，国家、省、市、县、站点等各级气象部门的沟通协调工作复杂，工程建设组织协调任务较重。

8.2.3　海洋气象能力建设风险评价

结合前期海洋气象工程建设经验，主要风险因素对本工程建设实施的影响主要体现在工程建设工期、工程建设质量和工程建设投资等三个方面。

（1）对建设进度的影响。在设计方面，可能对海洋气象业务技术体系独特性和复杂性认识不到位、业务系统设计的前瞻性不足、系统工程设计的扩展性和兼容性认识不够深入，这些都可能导致实施过程中的建设任务调整、进度延长等；在具体建设推进过程中，如果各有关部门参与不足，组织管理不强，沟通协调不力，也可能影响工程建设任务的落实和计划工期的实现。

（2）对建设质量的影响。在工程设计阶段，工程技术路线、设备选型与海洋建设环境特点如果不相符，将可能降低设备自身可靠性和可用性，同时也可能对整个业务系统的正常有效运行产生不利影响；在施工阶段，如果所用施工工艺、材料、方法及施工人员的技术水平等如不能满足高湿度、高盐度、高腐蚀的海上施工作业环境要求，也可能造成设备基础不稳、主要材料易腐等问题，影响工程建设质量。

（3）影响工程建设投资。各项海洋气象业务系统设计和实施都要密切联系海洋气象业务开展的现状和功能需求，从设计选择到施工阶段的每个环节都必须做到切合实际，否则都可能造成建设任务的调整，从而可能造成建设工程量的增加，工程费用控制难度提升。

8.2.4　海洋气象能力建设风险规避

为保障海洋气象综合保障二期工程如期建设和顺利实施，降低工程费用或避免投资突破预算，减少工程内部组织或外部环境或对工程的干扰，保证工程按计划进行并始终处于受控状态，切实发挥工程建设效益，可采取以下对策措施规避或减轻项目建设和运行的风险。

（1）严格按照设计规范及规程设计。结合海洋气象工程建设实际，从管理、组织、工艺、技术、经济等各方面进行全面系统的分析，在充分满足海上工程建设要求的基础上，保证技术可行、工艺先进、经济合理。

（2）注意设备方案比选。在满足海洋气象业务系统对于观测设备数据采集、处理、传输等技术要求的基础上，从设备质量保证、运行可靠性、维护经济性等方面，对多种设备方案进行比选，保障工程建设选用的设备安全、可靠、稳定。

（3）所有施工机械、材料、人员技术符合海上施工要求，选择合适的勘探手段和勘探技术途径，确定合理的海岛观测站点基础加固方案。

（4）加强现场管理。因为工程建设场址多样，海岸、海上石油平台和海岛建设条件差异较大，应设专人对施工情况进行检查，及时发现和弥补施工中的问题。

（5）加强项目建设的组织协调工作。在建设前期广泛征求各相关单位和部门的意见，为未来项目建设中各方的协调打下良好的基础。按照工程项目管理要求，成立项目管理机构，负责具体建设工作，为项目的顺利建成、充分发挥效益提供组织保证。

8.3　推进海洋气象能力建设对策

8.3.1　建立海洋气象共建共享协作机制

提升我国海洋气象能力，主要涉及气象、海洋两个部门。因此在气象、海洋等部门已有综合观测站网基础上，在技术允许和保密安全的前提下，新建的气象、海洋观测站点应合理考虑空间布局、避免重复设站，新建站点应采用统一标准、一站多能、共同选址、各自承建、独立管理、协作运维的方式建设，同时搭载气象和海洋观测设备、采用双份通信线路同时向气象和海洋部门实时传输观测资料；已有大型观测设施应逐步进行改造，实现观测资料在气象和海洋等部门间的实时共享传输，最终实现多部门合作建设，共同推进我国海洋气象综合观测能力提高。

规划建设的海洋气象综合保障基地和设施向各相关单位和部门开放共享，联合开展海上观测装备研发和试验测试，并由气象部门归口承担海洋气象装备计量检定和质量监督工作。充分利用海洋部门现有及拟建的综合保障基地和码头、工作船（艇）等设施，联合开展海洋气象观测装备的布放、回收、巡检、维护、维修和保养等保障任务，并由海洋部门归口承担海洋技术装备的计量检定和质量监督工作。按照"谁受益、谁投入，谁建设、谁维持"的原则，健全中央和地方政府、气象和海洋等部门的维护保障经费投入机制，联合做好海洋气象综合保障工作。

气象、海洋等部门在遵循保密要求及相关资料管理规定的前提下，实时共享观测数据，范围包括海上浮标、船载气象站、地波雷达、GNSS/MET 站、自动气象站、天气雷达和卫星遥感等。规划建设的海洋气象信息共享系统由气象和海洋部门共同制定数据产品标准，各级气象、海洋部门通过专线实现互联互通和数据产品共享；交通、渔业、安监、环保等涉海部门根据需要接入海洋气象信息共享系统，获取数据产品，实现数据联通与信息共享。

实现气象、海洋、交通、渔业等部门间的联合预警会商。建立海上信息发布设施共享机制，基于国家突发公共事件预警信息发布系统和各部门现有广播电台、北斗预警机、户外大屏等发布手段，全面、快速、准确发送气象、海洋预报预警信息。多部门协作建立基于风险管理的部门应急联动服务机制，提高我国海洋气象预报预警和服务整体能力。

建立各级气象与海洋部门交流合作机制，联合高校、科研院所针对台风、海上强对流、海雾、风暴潮、海冰等气象和海洋灾害预报预警及海洋气候监测预测，合作开展相关基础研究、技术研发和业务示范。中国气象局和国家海洋局加强顶层设计，在重大技术装备、海洋大气模式等方面联合攻关，共同提升我国海洋气象业务核心技术水平。

8.3.2　完善气象能力建设保障措施

（1）加强组织领导，落实规划实施。有关部门要按照职责分工，密切配合，加强海洋气象发展规划与气象、海洋事业发展等相关规划的有效衔接，坚持统筹兼顾、科学设计、分工明确、突出重点、分步实施。发展改革部门做好衔接协调，积极落实建设投资；气象、海洋部门应加强沟通协作，细化分解各项任务，相互配合支持，加强管理，指导和协调海洋气象能力建设和运行。

（2）加强标准建设，完善业务规范。加强气象、海洋、交通、渔业、公安等相关部门海洋气象数据、产品标准建设，逐步实现海洋气象数据、产品格式和信息交互接口协议的标准化，促进互联互通和应急协作活动开展。完善海洋气象业务规范，推进海洋气象业务系统标准化、信息化和集约化，有效保障海洋气象业务的持续快速发展。

（3）加强资金筹措，确保规划任务。按照事权划分和谁受益、谁投资的原则，规划提出的建设任务和运行维持资金由中央、地方共同承担。其中，中央投资重点用于高性能无人机、雷达、探空系统、自动气象站等仪器设备，统一开发部署的业务系统和信息网络平台，以及国家级培训、保障设施；其他仪器设备、雷达塔楼等配套基础设施，以及服务于地方的相关业务基础能力建设等，由地方投入支持。

（4）加强科技创新，推动技术进步。广泛开展交流合作、整合科技资源，完善海洋气象技术创新体系。大力开展海洋气象科技理论和重点领域研究，加大关键技术研发与创新，大力推进科研成果应用转化。增强海洋气象业务培训能力，提高人员技术水平和创新能力。

（5）加强应用预研，促进资料应用。制定新型观测设备的资料应用方案，多渠道落实资金，加大资料应用预研究投入，调动企业、科研单位和业务单位各方积极性，确保新型观测设备获取的资料能够及时有效应用于海洋气象预报服务业务和科学研究。

（6）创新体制机制，提升服务水平。认真分析海洋气象可引入市场机制的领域，加强体制机制创新，推进海洋气象服务市场的开放，充分调动社会各方面的积极性，激发海洋气象服务发展活力，提高个性化、精细化服务水平。发挥政府投资撬动功能，创新投融资方式，带动和吸引更多社会资本参与海洋气象服务，促进海洋气象服务社会化。

参考文献

陈梅汀，王连喜，徐哲永，等，2018. 舟山海雾特征及其对数值模式的初步订正 [J]. 气象科学，38（01）：130－138.

陈泽浦，刘堃，2010. 浅析赤潮灾害形成原因、危害与减灾工作 [J]. 中国渔业经济，28（01）：60－65.

戴维斯，1992. 世界气象组织四十年 [M]. 北京：气象出版社.

郭云霞，2020. 中国东南沿海区域台风及其风暴潮模拟与危险性分析 [D]. 北京：中国科学院大学（中国科学院海洋研究所）.

国家发展和改革委员会，中国气象局，国家海洋局，2016. 海洋气象发展规划（2016—2025 年） [EB/OL]. https：//www. ndrc. gov. cn/xxgk/zcfb/ghwb/201602/W02019090549 7803215106. pdf.

国家气象信息中心，2017. 海洋气象综合保障一期工程可行性研究报告.

黄彬，阎丽凤，杨超，等，2014. 我国海洋气象数值预报业务发展与思考 [J]. 气象科技进展，（03）：57－61.

黄彬，赵伟，2017. 国家级海洋气象业务现状及发展趋势 [J]. 气象科技进展，7（04）：53－59.

贾朋群，2014. 海洋学之父莫里和国际气象合作的开端 [J]. 气象科技进展，4（06）：115－117.

姜志浩，蔡勤禹，2022. 我国海洋灾害演变趋势分析（1949—2020） [J]. 防灾科技学院学报，24（02）：90－99.

林炜杰，余希林，杨海燕，2022. 我国咸潮入侵研究现状与未来发展趋势 [J]. 中国水运（下半月），22（09）：94－96.

刘持菊，李小汝，王春芳，等，2017. 北斗气象预警信息发布系统及其在秭归的应用 [J]. 气象科技，45（04）：629－636.

吕爱民，杨柳妮，黄彬，等，2018. 中国近海大风的天气学分型 [J]. 海洋气象学报，38（01）：43－50.

孙健，李伟华，2011. 英国气象服务［J］. 气象科技进展，1（02）：51－54.

张可，方娟，2021. 西北太平洋台风群发事件年代际变化特征分析［J］. 气象科学，41（05）：584－596.

H. Daniel，徐明，陆同文，1973. 国际气象合作一百年（1873—1973）［J］. 气象科技资料，（S3）：15－27.

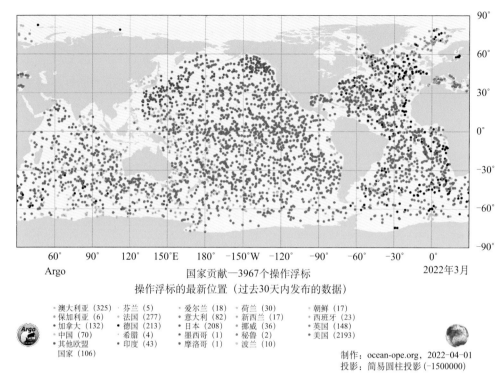

制作：ocean-ope.org，2022-04-01
投影：简易圆柱投影（-1500000）

图 2.1　全球海洋上仍在正常工作的各国浮标大概位置（截至 2022 年 3 月底）

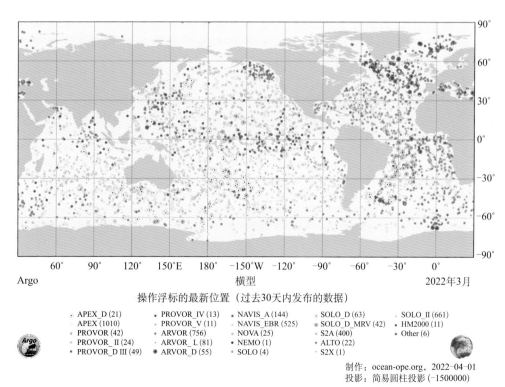

制作：ocean-ope.org，2022-04-01
投影：简易圆柱投影（-1500000）

图 2.2　全球海洋上正常工作的 Argo 浮标类型分布（截至 2022 年 4 月底）

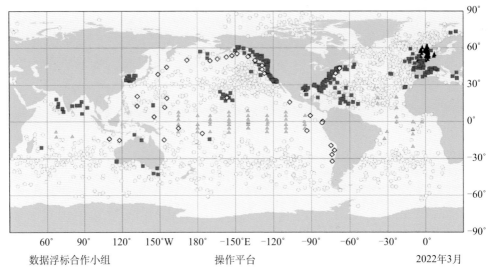

数据浮标合作小组　　　　　　　操作平台　　　　　　　2022年3月

本月运行的平台法国气象局接收的GTS数据

◇ 海啸浮标（35）　　　▲ 锚定浮标（93）
■ 海岸浮标（306）　　　✦ 漂流浮标（1368）
▲ 热带浮标（68）

制作：ocean-ope.org，2022-04-01
投影：简易圆柱投影（-1500000）

图 2.3　全球海洋上可使用平台分布（2022 年 3 月数据）

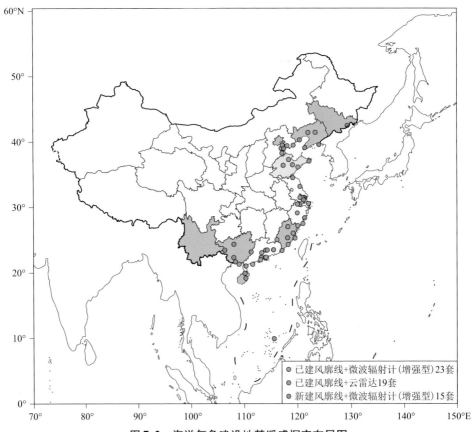

已建风廓线+微波辐射计（增强型）23套
已建风廓线+云雷达19套
新建风廓线+微波辐射计（增强型）15套

图 7.2　海洋气象建设地基遥感探空布局图